西安交通大学 本科"十二五"规划教材
"985"工程三期重点建设实验系列教材

# 电气绝缘实验与分析

于钦学 任文娥 编著

U0303805

西安交通大学出版社
XI'AN JIAOTONG UNIVERSITY PRESS

# 内容提要

本书主要内容包括:介电参数的测试、局部放电的测量、介质的热刺激电流原理及其应用、热分析技术及其应用、导热系数测量技术、热膨胀系数测量技术、红外热像仪及其应用、材料的力学性能试验、转矩流变仪及其应用、界面张力测量技术、粉体粒度的测量与分析、纳米粒子和Zeta电位的测量、液体介质理化性能参数的测量、光谱法及其应用、气相色谱法及其应用、材料显微结构分析技术。本书重点论述了测量的基本原理、仪器结构、实验方法和分析技术。

本书可作为本科生和研究生的教材,也可作为科研院校及从事电工、电子产品设计、制造、试验以及电力系统运行相关人员的参考书。

**图书在版编目(CIP)数据**

电气绝缘实验与分析/于钦学,任文娥编著. —西安:
西安交通大学出版社,2013.11(2015.1重印)
西安交通大学"十二五"实验系列教材
ISBN 978-7-5605-5731-1

Ⅰ.①电… Ⅱ.①于… ②任… Ⅲ.①电气设备-绝缘实验(电)-高等学校-教材 Ⅳ.①TM210.6

中国版本图书馆 CIP 数据核字(2013)第 226065 号

策　　划　程光旭　成永红　徐忠锋

书　　名　电气绝缘实验与分析
编　　著　于钦学　任文娥
责任编辑　李慧娜

出版发行　西安交通大学出版社
　　　　　(西安市兴庆南路 10 号　邮政编码 710049)
网　　址　http://www.xjtupress.com
电　　话　(029)82668357　82667874(发行中心)
　　　　　(029)82668315　82669096(总编办)
传　　真　(029)82668280
印　　刷　北京京华虎彩印刷有限公司

开　　本　727mm×960mm　1/16　印张 13.25　字数 237 千字
版次印次　2013 年 11 月第 1 版　2015 年 1 月第 2 次印刷
书　　号　ISBN 978-7-5605-5731-1/TM・87
定　　价　24.00 元

读者购书、书店添货、如发现印装质量问题,请与本社发行中心联系、调换。
订购热线:(029)82665248　(029)82665249
投稿热线:(029)82668254　QQ:8377981
读者信箱:lg_book@163.com

# 编审委员会

# **Preface** 序

  教育部《关于全面提高高等教育质量的若干意见》(教高〔2012〕4 号)第八条"强化实践育人环节"指出,要制定加强高校实践育人工作的办法。《意见》要求高校分类制订实践教学标准;增加实践教学比重,确保各类专业实践教学必要的学分(学时);组织编写一批优秀实验教材;重点建设一批国家级实验教学示范中心、国家大学生校外实践教育基地……。这一被我们习惯称之为"质量 30 条"的文件,"实践育人"被专门列了一条,意义深远。

  目前,我国正处在努力建设人才资源强国的关键时期,高等学校更需具备战略性眼光,从造就强国之才的长远观点出发,重新审视实验教学的定位。事实上,经精心设计的实验教学更适合承担起培养多学科综合素质人才的重任,为培养复合型创新人才服务。

  早在 1995 年,西安交通大学就率先提出创建基础教学实验中心的构想,通过实验中心的建立和完善,将基本知识、基本技能、实验能力训练融为一炉,实现教师资源、设备资源和管理人员一体化管理,突破以课程或专业设置实验室的传统管理模式,向根据学科群组建基础实验和跨学科专业基础实验大平台的模式转变。以此为起点,学校以高素质创新人才培养为核心,相继建成 8 个国家级、6 个省级实验教学示范中心和 16 个校级实验教学中心,形成了重点学科有布局的国家、省、校三级实验教学中心体系。2012 年 7 月,学校从"985 工程"三期重点建设经费中专门划拨经费资助立项系列实验教材,并纳入到"西安交通大学本科'十二五'规划教材"系列,反映了学校对实验教学的重视。从教材的立项到建设,教师们热情相当高,经过近一年的努力,这批教材已见端倪。

我很高兴地看到这次立项教材有几个优点:一是覆盖面较宽,能确实解决实验教学中的一些问题,系列实验教材涉及全校 12 个学院和一批重要的课程;二是质量有保证,90%的教材都是在多年使用的讲义的基础上编写而成的,教材的作者大多是具有丰富教学经验的一线教师,新教材贴近教学实际;三是按西安交大《2010版本科培养方案》编写,紧密结合学校当前教学方案,符合西安交大人才培养规格和学科特色。

最后,我要向这些作者表示感谢,对他们的奉献表示敬意,并期望这些书能受到学生欢迎,同时希望作者不断改版,形成精品,为中国的高等教育做出贡献。

西安交通大学教授
国家级教学名师

2013 年 6 月 1 日

# Foreword 前 言

　　本书是西安交通大学本科"十二五"规划实验系列教材,是为"电气绝缘技术训练"实验课程教学而编写的。本书 2007 年完成初稿,作为讲义已经有六届本科生使用过。

　　电气绝缘材料的发展往往带来电力设备的更新换代,高性能的电力设备是电力系统高效、安全和环保运行的基础。在电能产生、变换、传输和应用的各个环节,毫无疑问均涉及到电气绝缘材料性能(电气、耐温、机械等)的优劣;新型电气绝缘材料的开发与应用也是为了获得能满足电力设备所需要的高性能材料。因此,掌握电气绝缘实验与分析技术对于新型绝缘材料和电力设备的开发,以及电力设备的状态监测与寿命管理具有重要意义。

　　电力设备的安全可靠运行及其使用寿命与电气绝缘材料的性能和变化密切相关。因此,无论在科学研究还是工程技术应用与开发中,需要采用有效的实验方法,准确检测电气绝缘材料的各种宏观与微观性能参数,结合对材料的微观和介观结构进行分析,加深人们对材料性能及其变化规律的认识。

　　电工产品在研究、设计、制造和运行中,对原材料、半成品、成品是否合格,都要进行一系列电、热、机械性能试验。对所用的原材料、工艺过程、半成品、成品性能进行优劣的鉴定,达到选用合适的材料、生产出优良产品的目的。

　　本书主要内容包括:电气绝缘材料的电学性能、热学性能、力学性能、理化性能、光谱分析、气相色谱分析、微观结构分析以及材料结构与性能关系的表征等方面的测试技术。每章在介绍各种被测参数物理概念的基础上,重点论述测量原理和方法、所用测量仪器设备的用途、技术参数、操作步骤,以及如何提高测量的灵敏度和准确性等。

　　本书共有 16 章,由于钦学和任文娥编写完成,其中于钦学编写第 1,2,3,5,6,7,8,9,13,16 章,并负责全书的统编,任文娥编写第 4,10,11,12,14,15 章。

本书由西安交通大学钟力生教授主审,他在本书编写过程中提出了许多宝贵意见,谨致以衷心感谢!

在本书的编写过程中,查阅参考了许多相关文献资料,在此谨向这些作者以及在本书编写过程中给予帮助的电气绝缘研究中心的同事和研究生表示衷心的感谢!

限于编者的水平及时间仓促,本书存在的不妥之处,敬请批评指正。

编者

2013 年 8 月于西安

# Contents 目录

# 第 1 章　介电参数的测试

## 1.1　相对介电常数和损耗因数的测量

### 1. 相对介电常数和损耗因数

介质损耗因数(亦称介质损耗角正切)和相对介电常数(亦称电容率)是绝缘体的两个主要特性参数,也是绝缘材料的本征参数,它们与绝缘体的几何形状无关。相对介电常数是描述电介质极化的宏观参数,在不同的应用场合下,要求也不相同,用于储能元器件如电容器时,要求相对介电常数要大,使得单位体积内储存的能量比较大;但用于一般电气设备时,要求相对介电常数要小,以减小流过的容性电流即无功分量。在一般电气设备中使用的电绝缘体,都要求损耗因数小,因为损耗因数大,不但消耗浪费电能,而且使绝缘体发热,容易造成电气设备绝缘的老化或损坏,因此为检验评估电气设备、元器件以及绝缘材料的性能,就必须对相对介电常数和损耗因数进行测量。另外,通过相对介电常数和损耗因数的测量,可以判断电气设备中绝缘的老化程度、含湿量、是否有杂质、是否有放电等。

定义相对介电常数 $\varepsilon_r$ 是在同一电极结构中电极周围充满介质时的电容 $C_x$ 与电极周围充满真空时的电容 $C_0$ 之比,即

$$\varepsilon_r = \frac{C_x}{C_0} \tag{1.1}$$

$\varepsilon_r$ 叫相对介电常数,是大于 1 的纯数(无量纲),而电介质与绝缘体的绝对介电常数为 $\varepsilon = \varepsilon_0 \varepsilon_r$,单位 F/m。$\varepsilon_0 = 8.854 \times 10^{-12}$ F/m 为电力转换常数,在工程中,绝缘材料通常使用相对介电常数 $\varepsilon_r$。

介质的等效电路如图 1.1 所示。

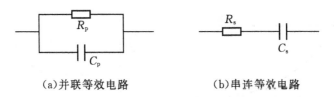

(a)并联等效电路　　　　　　(b)串连等效电路

图 1.1　介质试样的等效电路

定义介质损耗因数是在交流电压下试品所消耗的有功功率与无功功率的比值。

当等效电路为并联时，

$$\tan\delta = \frac{P_r}{P_c} = \frac{uI_r}{uI_c} = \frac{1}{\omega C_p R_p} \tag{1.2}$$

当等效电路为串联时，

$$\tan\delta = \frac{P_r}{P_c} = \frac{u_r I}{u_c I} = \omega C_s R_s \tag{1.3}$$

式中　$C_s$、$C_p$——分别为串联、并联等效阻抗中的电容，pF；

　　　$R_s$、$R_p$——分别为串联、并联等效阻抗中的电阻，$\Omega$；

　　　$\omega$——电源角频率，rad/s。

无论用何种等效电路，损耗因数完全相等，可以得出 $R_p = (1 + \frac{1}{\tan^2\delta})R_s$ 一般情况下 $C_x = C_p$，只有在 $\tan\delta < 1$ 时，$C_x = C_p \approx C_s$。

**2. 影响相对介电常数与介质损耗因数的因素**

影响介质相对介电常数与损耗因数的因素有：电压幅值、频率、温度、湿度等。

极性介质的相对介电常数与损耗因数随频率和温度的变化如图 1.2、1.3 所示；非极性介质的相对介电常数与介质损耗因数随频率的变化如图 1.4 所示；介质损耗因数随电场强度的变化如图 1.5 所示。

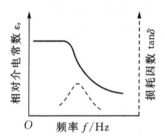

图 1.2　$\varepsilon_r$、$\tan\delta$ 与频率的关系

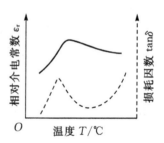

图 1.3　$\varepsilon_r$、$\tan\delta$ 与温度的关系

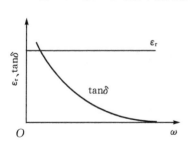

图 1.4　$\varepsilon_r$、$\tan\delta$ 与 $\omega$ 的关系

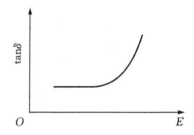

图 1.5　损耗因数与电场强度的关系

### 3. 电桥法测量相对介电常数和损耗因数

(1)测量原理

在测量频率不是很高时(一般低于几兆赫兹)都可用电桥法来测 $\varepsilon_r$ 及 $\tan\delta$。常用电桥有阻容电桥(四个桥臂都是由电阻电容组成的电桥)和变压器电桥(亦称电感比例臂电桥,电桥中两个桥臂由两个电感线圈组成)。

阻容电桥主要分为高压西林电桥和低压工频电桥;变压器电桥分为电流比变压器电桥和电压比变压器电桥。无论使用哪种电桥,都是应用电桥平衡原理来测量 $\varepsilon_r$ 和 $\tan\delta$,电桥的基本电路图如图 1.6 所示。

电桥由四个桥臂组成:$Z_x$ 为要测量的试样,$Z_n$ 为标准无损耗电容,$Z_3$ 和 $Z_4$ 为另外两个桥臂,由可调节的阻容(阻容电桥)或电感线圈(变压器电桥)组成,图中 A 为电流零指示器,由放大器和电流表组成。

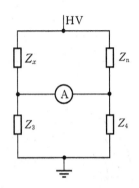

测量 $\varepsilon_r$ 和 $\tan\delta$ 主要应用电桥的平衡原理,调节电桥中的 $Z_3$ 和 $Z_4$,使电桥达到平衡,即在灵敏度最大时电流零指示器为零。当电桥平衡时,应满足

$$Z_x Z_4 = Z_n Z_3 \tag{1.4}$$

解此方程,等号两边的实部和虚部分别相等,就可以得到损耗因数和介电常数的表达式,不同的电桥得到的公式不同。下面介绍绝缘实验室的三台高精度电桥。

图 1.6 电桥的基本电路图

(2)2821 型精密 $\varepsilon_r$ 和 $\tan\delta$ 测量电桥

①主要用途与性能参数

2821 型电桥是一台高精度高压交流阻容电桥,采用全屏蔽以及辅助电源结构,半自动平衡电桥。用于材料在 50Hz 下的介电常数和损耗因数 $\tan\delta$ 的精确测量。在电桥上可以直接读出损耗因数 $\tan\delta$,而试样电容 $C_x$ 则为 100 除以电桥电容读数。主要性能指标如表 1.1 所示。

**表 1.1 2821 电桥的性能指标**

| | |
|---|---|
| 电容 $C_x$ 测量范围 | $9 \sim 10000\text{pF}$ |
| 介质损耗角正切 $\tan\delta$ | $1.0 \times 10^{-5} \sim 1.0$ |
| 频率范围 | $50\text{Hz}$ |
| 电压范围 | $0 \sim 2\text{kV}$ |

②试样与电极

固体试样的厚度一般规定不超过 4mm,方形板材采用边长为 100mm,圆形板材采用直径为 100mm,管状试样长度为 100mm。

电桥系统使用三电极系统(固体、液体、粉体三种)。图 1.7(a)为平板形试样的三电极系统,图 1.7(b)为液体试样三电极系统。

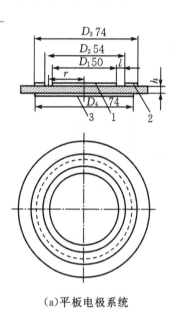

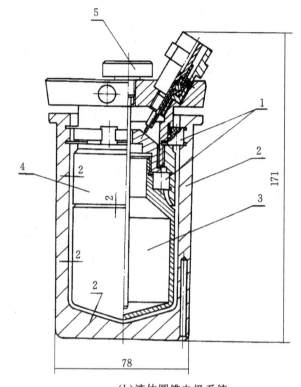

（a)平板电极系统

1—被保护电极(或称测量电极);
2—保护电极;3—不保护电极

（b)液体圆锥电极系统

1—绝缘;2—高压电极;3—测量电极;
4—保护电极;5—温度

图 1.7　电极系统

当电极为平板时,相对介电常数为

$$\varepsilon_r = 0.144 \frac{d}{D_e^2} C_x \tag{1.5}$$

式中　$d$——试样厚度,m;

$D_e$——测量电极的有效直径,m;$D_e = D + g = 50\text{ mm} + 2\text{ mm} = 0.052\text{ m}$;

$C_x$——试样电容,100 除以电桥上的电容读数,pF。

当电极为液体圆锥电极时,相对介电常数为 $\varepsilon_r = \dfrac{C_x}{C_0}$,$C_0$ 为电极周围充满真空时的电容,2821 电桥的 $C_0$ 为 100/1.526。

不论使用何种电极,试样的损耗因数可以从电桥上直接读取。

电极材料与装置必须满足以下要求。首先,电极本身是良好的导体,而且能够和试样紧密接触;其次,电极与试样不能有相互作用,电极应能耐腐蚀,在试验过程中,特别是在高温下,不能因有电极存在而引起试样的性能发生变化;此外,还要求电极制作方便、使用安全。一般使用铝箔和铜材作为电极材料。

③操作规程

a. 准备,检查连线,接入试样。

b. 测量,桥体转换开关置于 BRIDGE 位置,打开仪器总电源,再分别开启仪器面板上的三个电源控制开关,电压升到设定值。

c. 交替调节电桥面板上的 C 和 tanδ,使 SENSITIVITY 提高到 5 时,调节零指示仪为 0(最小值),注意先调节 C。

d. 结束,调节零指示仪 SENSITIVITY 降到 1,把电源电压降到 0,关闭电源,读取 C 和 tanδ 的数值并记录。

④实验内容

研究变压器油的介电常数与损耗因数随温度的变化规律。将处理过的油注入液体电极,然后把电极放入油浴中,接好线路,开启加热电源和电桥的三个电源开关,进行实验。测量温度从室温到 90℃,温度间隔 15℃,在每个温度达到测量点后至少停留 15min(使得试样温度均匀),然后再开始测量。

将实验结果进行列表和画图,分析讨论变压器油的介电常数与损耗因数随温度的变化规律。

(3)2801 型可转换精密 $\varepsilon_r$ 和 tanδ 测量电桥

①主要用途与性能参数

2801 型电桥的性能参数指标如表 1.2 所示。

2801 电桥用于材料和电工产品的介电性能参数(介电常数、介质损耗角正切tanδ)的精确测量。它是具有多种接法、多种结构和多种功能的精密电桥,对于普通绝缘材料的测量,2801 与 2821 基本一样。但是对于电容量很大的试品,如电力电容器、长电缆等,在高电压下要流过很大的电流,而精密西林电桥内电阻 $R_3$ 的允许最大电流为 30mA,因此可能会烧坏 $R_3$,为了满足大电容试验样品测试的要求,可在 $R_3$ 并联一个电阻分流器,如图 1.8 所示,$R_N$ 与 $R_3$ 并联,通过试样的电流大部分经 $R_N$ 分流而不经过 $R_3$。

当电桥平衡时,试样电容介电常数和损耗因数的计算公式如下:

$$C_x = C_n \frac{R_4}{R_3} \frac{R_N + R_3}{R_n} \tag{1.6}$$

$$\tan\delta = \omega C_4 R_4 - \omega C_n \frac{R_4}{R_3}(R_N - R_n) \tag{1.7}$$

第 1 章 介电参数的测试

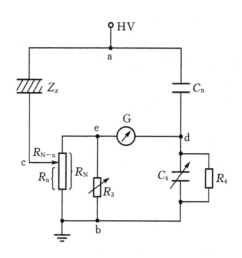

图 1.8 大电容电桥

**表 1.2 2801 型可转换电桥的性能指标**

| 电容 $C_x$ 测量范围 | $0.01\text{pF}\sim0.1\text{F}$ |
|---|---|
| 介质损耗角正切 $\tan\delta$ | $1.0\times10^{-6}\sim3.5$ |
| 测试频率 | $50\text{Hz}$ |
| 电压范围 | $0\sim2000\text{V}$,可外接高压电源施加高电压 |

②操作规程

a.准备

选择测试线路、保护电压调节器、分流器、电流互感器、选择电极、标准电容器,根据要求接好线路,检查线路。

b.测量

标准电容连接到 $C_2=C_n$ 端,试样连接到 $C_1=C_x$ 端,零指示仪连接到 G 端,电位调节单元的各端分别连接到电桥的 V、接地和 SCREEN 端,用跨接板连接 $R_3$/$R_4$ 和 0 端,零指示仪灵敏度开关置于 MINIMAL 位置,合上电源,升压不超过 100V,把 $G_2$ 开关置于 SCREEN,如零指示仪上读数小于 10 格,继续试验,否则检查仪器线路后,重新试验。

电压升到预定值,并调平衡电桥。平衡的标志是:$G_2$ 在 BRIDGE 和 SCREEN 两种情况下,及 $G_1$ 在 a→b 和 b→a 两种情况下,零指示仪读数在最大灵敏度时均为零。

平衡后,把 $G_2$ 置于 0 位置,然后退回电压,关闭电源,读取数值并记录。

(4)TR - 10 变压器电桥

①主要用途与性能参数

TR - 10C 型介质损耗测量仪是变压器电桥,其中两个桥臂由变压器两个绕组构成,用于材料的介电常数和介质损耗角正切 $\tan\delta$ 的频谱和温谱测量。被测试样可以是固体、液体和粉体。主要性能指标如表 1.3 所示。

表 1.3  TR - 10C 变压器电桥的性能指标

| 电容 $C_x$ 测量范围 | $1\sim200\mathrm{pF}$ |
|---|---|
| 介质损耗角正切 $\tan\delta$ | $1\times10^{-5}\sim0.1$ |
| 频率范围 | $30\mathrm{Hz}\sim3\mathrm{MHz}$ |
| 温度范围 | 室温$\sim+200℃$ |

②试样与电极

仪器配有测量固体、液体和粉体绝缘材料损耗因数和相对介电常数的三电极系统。实验时根据材料情况选择不同的电极系统;测量液体材料试样时,注意杂质和水分的影响;测量粉体材料时,注意杂质、水分、粒度、密度和压力的影响。

③操作规程

a.准备,选定电极并接入试样,选定测量频率和温度,根据测量频率选用输入变压器,并选定 RATIO 为 $\gamma_b$。

b.合上 TRANS 盖板,将试样接到 UNKNOWN。

c.将桥体 EARTH BAL/ BRIDGE BAL 置于 BRIDGE BAL、ZERO BAL/MEAS 置于 ZERO BAL;调节旋钮 ZERO BAL C 和 CONDUCTANCE 使电桥平衡,即零指示器调到零,从 CONDUCTANCE 读取相应的 $\gamma_0$。

d.测试,调节桥体 ZERO BAL C 和 FINE 以及 CONDUCTANCE,实现电桥平衡;读取 CONDUCTANCE 数值。

e.把 ZERO BAL/MEAS 置于 MEAS,调节旋钮 CAPACTANCE 和 CONDUCTANCE 达到电桥平衡,读取相应读数。

f.频率高于 100kHz 时,要求 EARTH BAL/ BRIDGE BAL 两个位置上都达到精细平衡。

g.达到平衡后,从 CAPACITANCE 和 CONDUCTANCE 转盘上读取相应的 $C_x$ 和 $\gamma'$ 值,则

$$\tan\delta = \frac{\gamma_b(\gamma'-\gamma_0)}{2\pi fC_x\times10^{-12}} \tag{1.8}$$

$$\varepsilon_r = \frac{C_x}{C_0} \tag{1.9}$$

$C_0$ 为同样几何尺寸下周围充满真空时的电容,其余参数都是从电桥上读取的数据。

### 4. 数字式介质损耗因数及电容测量系统 TD-Smart

（1）测量原理

TD-Smart 的测量原理如图 1.9 所示，包括参考和测量两条支路。参考支路由高压参考电容 $C_R$ 及串联的电阻性电流传感器 $R$ 组成，测量支路由待测试样 $C_M$ 及串联的电阻性电流传感器 $M$ 组成。对更大的电流范围（大电容试样），可选 5Am/s 或 25Am/s 的分流器。

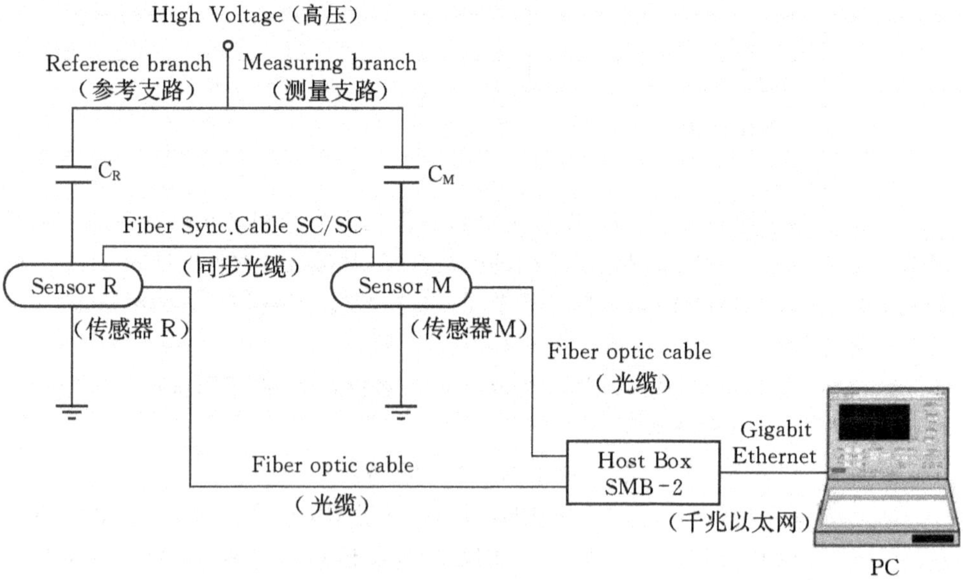

图 1.9　TD-Smart 测量原理框图

流到测量及参考分支的两个电流的振幅及相位关系会被两个高精度电阻 $R$ 及 $M$ 连续测量及数字化，通过两路可以测出通过试样的电流、电压以及它们的相位差。把测到的信号输入到低噪声放大器，然后再进行 A/D 转换及光电转换。这两个数字信号的进一步处理，会由 Host Box 以光纤传输到个人计算机，通过计算机算出样品的电容、损耗因数和通过样品的泄漏电流。

（2）用途及性能参数

TD-Smart 测量系统为完全自动化和计算机化的测量系统，可测量工频下材料和电工产品（可以是接地和非接地电工产品）的损耗因数、电容、试样两端施加电压和泄露电流。可显示损耗因数和电容随时间和电压的变动曲线。TD-Smart 性能参数如表 1.4 所示。

表 1.4　TD‐Smart 的性能参数

| 损耗因数测量范围 | 0.00001～100000（绝对值） |
| --- | --- |
| 损耗因数分辨率 | $1 \times 10^{-6}$ |
| 损耗因数精度 | $\pm 1 \times 10^{-5}$ |
| 电容测量范围 | $0.1\mathrm{pF} \sim 50\mu\mathrm{F}$ |
| 电容分辨率 | $0.001\mathrm{pF}$ |
| 电容精度 | $\pm 0.5\%$ |

（3）TD‐Smart 操作步骤

①首先确定试品为接地样品还是非接地样品

确定测量支路是否需要接入分流器（估算试品电容量 $C_x$，当 $I = 2\pi f C_x U$ 大于 100mA，则需要接入分流器）。

将准备好的试样根据前面两点选择适合的接线方式接入系统中，注意接试样前一定要将电源关闭。

检查高压引线是否连接牢固且无毛刺，系统是否单点接地；测量传感器与参考传感器电量是否充足（测量时，这两个传感器不能插电源，否则有损坏危险）。

②TD‐Smart 测量步骤

a. 先打开测量传感器开关，再打开参考传感器开关。

b. 打开 Host Box 电源。

c. 启动电脑，打开 TD 软件。

d. 点击系统进入连接和测量界面。

e. 在 Setting 菜单里设置相关参数或功能，如参考电容大小、测试频率、灵敏度和趋势设置等。

f. 打开变压器升压，缓慢升压到预定电压大小，观察软件界面，并直接读取介质损耗因数、电容、电压、电流等值。

g. 若有需要，进入 Scope View、Trend 等菜单进行观察或分析。

h. 测量结束后，将调压器降压至零关闭，用放电棒接触试品和标准电容高压端进行放电后拆下引线，取下试样。

试验完成后，取走试样，关闭软件、计算机，切断总电源，最后锁好门。

**5. 介电谱的测量**

（1）介电谱的基本概念

要了解在不同频率或不同温度下绝缘系统或介质的介电特点，或要研究绝缘材料的分子结构形态时，要求测量复介电常数 $\varepsilon^* = \varepsilon' - \mathrm{j}\varepsilon''$（$\varepsilon'$ 即相对数介电常数 $\varepsilon_r$，$\varepsilon''$ 即损耗指数，$\varepsilon'' = \varepsilon'\tan\delta$）随频率的变化曲线（称为介电频谱，如图 1.2、1.4

所示)或随温度变化曲线(称为介电温谱,如图 1.3 所示)。

利用损耗因数和相对介电常数的频率谱和温度谱,研究电介质和绝缘材料的分子结构及其形态。

(2)测量原理

介电谱本质上是表征介质极化强度随时间的变化特征。

样品材料通常是安装在两个电极(两电极系统)之间,形成一个类似于电容器的样本单元。将某一固定频率 $\omega/2\pi$ 的电压 $U_0$ 施加在样本电容器上,在样品中产生一个同频率的电流 $I_0$,一般在电压和电流之间会有一个相位差,用相位角 $\varphi$ 来表示。试样电流和电压的振幅与相位如图 1.10 所示。

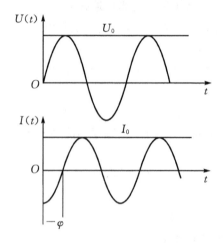

图 1.10  样品电容电流和电压的振幅与相位

$U_0$ 与 $I_0$ 的比值和相位角 $\varphi$ 取决于样本材料电性能(介电常数和电导率)和样本的平面形状。为了容易计算,使用复杂的符号,用公式来表示。

$$U_t = U_0\cos(\omega t) = \mathrm{Re}(U^*\exp(\mathrm{j}\omega t)) \tag{1.10}$$

$$I_t = I_0\cos(\omega t + \varphi) = \mathrm{Re}(I^*\exp(\mathrm{j}\omega t)) \tag{1.11}$$

同时

$$U^* = U_0 ; I^* = I' + \mathrm{j}I''; \quad I_0 = \sqrt{I'^2 + I''^2}$$

所测量试样电容器的阻抗

$$Z^* = Z' + \mathrm{j}Z'' = \frac{U^*}{I^*} \tag{1.12}$$

与材料样本的介电函数的关系是

$$\varepsilon^*(\omega) = \varepsilon' - j\varepsilon'' = \frac{-j}{\omega Z^*(\omega)}\frac{1}{C_0} \qquad (1.13)$$

这里的 $C_0$ 是空试样电容器的电容。

由式 1.13 可得到试样的相对介电常数,而损耗因数可用下式计算

$$\tan\delta = \frac{\varepsilon''}{\varepsilon'} \qquad (1.14)$$

(3)Concept 80 宽带介电谱测试系统

①主要用途与性能参数

用于材料介电谱的精确测量。Concept 80 宽带介电谱的性能指标如表 1.5 所示。

表 1.5　Concept 80 宽带介电谱的性能参数

| 电容 $C_x$ 测量范围 | 0.01pF～0.1F |
|---|---|
| 介质损耗角正切 $\tan\delta$ | $1.0\times10^{-5}$～3.5 |
| 测试频率 | $10^{-6}$ Hz～3GHz |
| 温度范围 | $-150$～$+500$℃ |

②试样与电极

Concept 80 宽带介电谱测试系统分为高频和低频测试。

在低频测量时,采用低频试样腔 BDS1200 和镀金的电极系统,电极直径在 20～40mm 范围内(有不同尺寸),根据电极尺寸制作试样,使试样直径和电极的直径一致,实验时将试样夹在两个镀金电极之间放入试样腔中。

在高频(1 MHz 以上)测量时,采用射频试样腔 BDS2100 和镀金的电极系统,电极直径在 3～12mm 范围内(有不同尺寸),根据电极尺寸制作试样,使试样直径和电极的直径一致,实验时将试样夹在两个镀金电极之间放入试样腔中。

对固体试样,电极间的距离由试样厚度决定,一般试样厚度不超过 2mm。对液体试样,电极间的距离由液体电极系统单元 BDS1308 内间隔环的高度决定,环的高度为 1mm,所以固定的液体电极间距也是 1mm。

③操作规程

a.低频测试规程

开启设备面板上的相应控制按钮(MAIN,LOAD,VACUUM)。设备预热 10 分钟后,再打开计算机桌面上 WinDETA 操作软件。

在 WinDETA 软件中填写试样参数(输入试样名称、试样厚度、试样直径),设计实验程序过程(温度及频率范围)。

放置夹持好试样,打开液氮瓶阀门,开始低频实验。

每次实验结束手动保存实验数据。

b. 高频测试规程

开启高频阻抗分析仪 HP4991A，关闭低频系统，并预热至少 1 小时。

打开计算机桌面上 WinDETA 操作软件，选择 4991A 操作系统，开始高频系统实验校准。

高频校准结束时，检测校准结果。电容必须小于 20pF，电阻值 50Ω。

在 WinDETA 软件中填写试样参数(输入试样名称、试样厚度、试样直径)，设计实验程序过程(温度及频率范围)。

放置夹持好试样，开始高频实验。

每次实验结束手动保存实验数据。

c. 实验结束

关闭介电测试设备面板上的所有开关，关闭计算机，关闭该房间的主电源。

(4)LCR 测试仪

①用途与技术参数

LCR 测试仪可测量试样的阻抗 $|Z|$、$\theta$、$L$、$C$、$R$、$\tan\delta$ 等 14 个测量参数随频率和温度(外加烘箱)的变化，即可测量介电频谱和介电温谱，但是最多同时显示 4 个项目。

3522-50 LCR 测试仪与 3532-50 LCR 测试仪的技术参数如下：

测量参数：$|Z|$、$|Y|$、$\theta$、$R_p$(DCR)、$R_s$(ESR,DCR)、$G$、$X$、$B$、$C_p$、$C_s$、$L_p$、$L_s$、$D$($\tan\delta$)和 $Q$

测量方法：恒流源 $10\mu A\sim100mA$(AC/DC)，或恒压源 $10mV\sim5V$(AC/DC)；AC 或 DC。

测量频率：DC 或者 $1mHz\sim100kHz$ (3522-50 LCR)

$42kHz\sim5MHz$ (3532-50 LCR)

②测量原理

仪器的原理图和被测器件的示意图分别如图 1.11 和 1.12 所示。用阻抗 $Z$ 来等效被测元件的特性。本仪器的测量原理是测量电路元件 $Z$ 的两端电压 $V$、电流 $I$ 以及电压与电流的相角 $\theta$、测量频率的角速度 $\omega$，通过以下运算公式算出各自的分量。

$$|Z| = \frac{V}{I} = \sqrt{R^2 + X^2} \tag{1.15}$$

$$R = |Z|\cos\theta \tag{1.16}$$

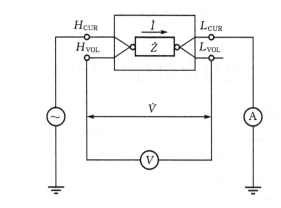

图 1.11　LCR 测试仪的基本原理框图

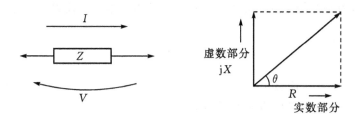

图 1.12　被测元件的相量图

$$X = |Z| \sin\theta \qquad\qquad (1.17)$$

$$D = \left| \frac{1}{\tan\theta} \right| \qquad\qquad (1.18)$$

式中　$Z$——元件阻抗，$\Omega$；

　　　$R$——电阻，$\Omega$；

　　　$X$——电抗，$\Omega$；

　　　$D$——损耗因数；

　　　$V$——电压，V；

　　　$I$——电流，A。

通过电抗可以计算元件的电容或电感。

LCR 测试仪共有两种测量方式：被测元件设置成并联等效电路模式和串联等效电路模式。把被测元件当作由 $L$、$C$、$R$（电阻）形成的电路构件之一，并把这些成分放在串联或并联电路中来进行测试运算。因此，$L$、$C$、$R$ 可选择串联等效电路模式和并联等效电路模式两种模式。被测元件的阻抗较大时，作为并联等效电路模式,手动选择 $L_p$、$C_p$ 和 $R_p$。被测元件的阻抗较小时,作为串联等效电路模式,手动选择 $L_s$、$C_s$ 和 $R_s$。

# 1.2 绝缘电阻与电阻率的测量

### 1. 绝缘电阻的概念与定义

绝缘体的基本功能就是阻止电流流通,使得电能按设计的途径传输,保证设备能正常工作。但绝缘体也不是绝对不导电的,只是通过它的泄漏电流很小而已。绝缘电阻就是通过表征绝缘体阻止电流流通的能力。

绝缘电阻太小,泄漏电流会很大,不但造成电能的浪费,而且还会引起发热而损坏绝缘体。因此绝缘电阻是表征绝缘体特性的基本参数之一,必须经常测定。

绝缘电阻是施加于绝缘体上两个点之间的直流电压与流过绝缘体的泄漏电流之比,即

$$R = \frac{U}{I} \qquad (1.19)$$

式中　$R$——绝缘电阻,$\Omega$;

　　　$U$——试样两端的直流电压,V;

　　　$I$——通过试样的电流,A。

绝缘体的体积电阻率通过 1.20 式计算。

$$\rho_V = \frac{E_V}{J_V} \qquad (1.20)$$

式中　$\rho_V$——体积电阻率,$\Omega \cdot m$;

　　　$E_V$——绝缘体内的电场强度,V/m;

　　　$J_V$——绝缘体内的电流密度,$A/m^2$。

体积电阻率是绝缘体内电场强度与体内泄漏电流密度之比。实际上它等于单位立方体的绝缘电阻。我们平常说的电阻率(没有特别声明)就是指试样的体积电阻率,它是材料的本征参数,与试样的几何形状无关。绝缘体的表面电阻率通过 1.21 式计算。

$$\rho_S = \frac{E_S}{\alpha} \qquad (1.21)$$

式中　$\rho_S$——表面电阻率,$\Omega$;

　　　$E_S$——绝缘试样表面电场强度,V/m;

　　　$\alpha$——电流线密度,A/m。

表面电阻率是绝缘表面层电场强度与通过表面层的电流密度之比。实际上它等于正方形面积内的表面电阻。表面电阻率不是材料的本征参数,与试样的表面

状态有关,如表面污染、受潮等都会使得表面电阻率变化。

**2. 影响因素**

(1)温度

在绝缘材料中,导电主要是靠离子迁移,温度升高时离子容易摆脱周围分子的束缚而产生位移,从而使体积电阻率呈指数式下降。

(2)湿度

水的电导比绝缘材料的电导大得多,特别是水中含有杂质时。因此绝缘材料在吸湿后,电阻率将明显下降。电气设备在潮湿的环境中停放后,在重新投入运行之前,必须先测其电阻,若下降很多,就要烘干后再投入运行。

(3)电场强度

在电场强度不高时,电阻率几乎与电场强度无关,但当电场强度很高时,电子电导起明显作用,这时电导随电场强度增高而明显增加。

另外,当电压升高时,绝缘体中的某些缺陷,如裂纹或气泡,则可能产生放电,这时绝缘电阻也会有所下降。

(4)辐照的影响

许多有机材料在强光或 X 射线、γ 射线等辐照下,会产生各种光电流,而使绝缘电阻率明显下降,甚至会下降 3 到 4 个数量级。

**3. 6517B 高阻计**

(1)技术参数与用途

主要用于测量绝缘试样的电阻、电流、电压和电荷量,技术参数如下:

电阻测量可达:$10^{16}\Omega$;

电流测量范围:1fA~20mA;

电压测量范围:$10\mu$V~ 200V;

电荷测量范围:10fC~2$\mu$C;

输入阻抗:200T$\Omega$。

(2)绝缘电阻的测量

直接测量施加于试样两端的直流电压 $U$ 和流过试样的电流 $I$,通过欧姆定律计算出电阻 $R$。由于施加的电压是已知的,因此测量绝缘电阻和电阻率实际上是测量流过试样的微弱电流。

对试样和电极的要求与测量损耗因数的完全相同,其结构如图 1.7 所示。

高阻测试系统包括 6517B 高阻计、6524 软件、8009 型电阻率测试夹具、GPIB 接口和测试电缆。

既可以直接在 6517B 高阻计面板上读取实验数据,也可通过 PC 控制操作 6517B 进行测量、显示、储存和数据处理。

操作规程如下：

①6517B 和计算机用 GPIB 接口连接；6517B 通过电缆线与 8009 型电阻率测试夹具连接。

②试样处理好后放入 8009 型电阻率测试夹具内。

③开启 6517B 和计算机电源。6517B 开机 15 分钟后再进行测试。

④进入软件界面，输入文件名、试样名称、尺寸等参数，设置测量参数如测量时间等。

⑤开始测量，在计算机上显示所测量的各种参数，如电流、电压、电阻等。

⑥测量结束，实验结果自动存入计算机文件中，包括电阻、电阻率等。

# 1.3 电气强度试验

## 1. 定义

所有绝缘材料或电工设备都只能在一定的电场强度以下保持其绝缘特性，当电场强度超过一定限度时，绝缘材料便会瞬间失去绝缘特性，使整个设备破坏。因此，介电强度是最基本的绝缘特性参数。不论在电气产品的生产中，还是在使用中，都要经常做介电强度的试验。

绝缘材料或结构，在电场作用下瞬间失去了绝缘特性，造成极间短路，称为电气击穿。

绝缘材料的介电强度是指材料能承受而不致遭到破坏的最高电场场强，对于平板试样

$$E_B = \frac{U_B}{d} \tag{1.22}$$

式中　$E_B$——击穿场强，kV/mm；

　　　$U_B$——击穿电压，kV；

　　　$d$——试样厚度，mm。

电气强度试验分为两种类型：击穿试验和耐电压试验。击穿试验是在一定试验条件下，升高电压直到试样发生击穿为止，测得击穿场强或击穿电压。耐电压试验（主要是对电工产品，如电缆、变压器）是在一定试验条件下，对电工产品施加一定电压。经历一定时间，若在此时间内试样不发生击穿，即认为产品是合格的。

## 2. 影响因素

①电压波形：交流、直流和脉冲电压下击穿机理不同，击穿场强也不同，交流的击穿场强最低。

②电压作用时间：击穿场强随着加压时间的增长而降低。

③电场的均匀性及试样的厚度,电场越均匀,击穿场强越高。

④环境条件:温度升高,击穿场强降低;水分增加,击穿场强降低。

**3. 试样与电极**

对于电工设备和绝缘材料,不论在生产中还是使用中,都要经常做介电强度试验,本试验包括工频、直流、脉冲介电强度试验。对于板材试样主要有球状、柱对称、柱不对称电极,参见图 1.13。

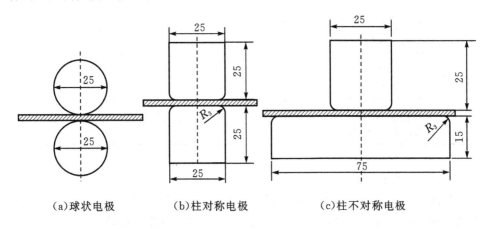

（a）球状电极　　　　　（b）柱对称电极　　　　　（c）柱不对称电极

图 1.13　板材使用的电极系统

**4. 设备用途及性能参数**

（1）YDTM-125/250kV 无局部放电变压器

YDTM-125/250kV 无局部放电变压器用于电力设备和绝缘材料的工频耐电强度试验,其性能指标如表 1.6 所示。

表 1.6　125/250kV 无局部放电变压器性能指标

| 额定容量 | 125kVA |
|---|---|
| 额定电压 | 原边电压:0.400kV |
| | 副边电压:250kV |
| 额定电流 | 原边电流:312.5A |
| | 副边电流:0.5A |
| 额定频率 | 50Hz |
| 空载电流 | 6.48% |
| 运行时间 | 在 100%UH、IH 下连续运行时间不超过 30 分钟 |
| | 在 70%UH、IH 卜可连续运行 |
| 测量绕组电压比 | 1000∶1 |

（2）冲击电压发生器

冲击电压发生器用于绝缘材料、介质器件及小型电力设备的冲击耐电强度试验，其性能指标如表1.7所示。

表 1.7　冲击电压发生器性能指标

| 标准雷电冲击电压全波 | $\pm 1.2 \sim 50 \mu s$ |
|---|---|
| 标准操作冲击电压波 | $\pm 250 \sim 2500 \mu s$ |
| 雷电冲击电压截波 | $2 \sim 5 \mu s$ |
| 电压利用系数 | 雷电波≥0.85,操作波≥0.80 |
| 最高电压 | 450kV |
| 最大功率 | 11kJ |
| 最小安全距离 | 1.1m |
| 充电电压可调精度 | $\pm 1\%$ |

①冲击电压的测量

目前广泛采用的冲击电压的测量方法有两种：一种是球隙50%放电法，这只能测量冲击电压的峰值；另一种是分压器加上脉冲示波器或峰值表。用峰值表也只能测量峰值，而用脉冲示波器则不但可以测量各种冲击电压的峰值，而且可以测量瞬时值及观察波形。

②冲击电压下介电强度的试验程序

在冲击电压波形符合要求的前提下，规定对试样连续施加三次试验电压，才可对试样进行试验。对非自复性绝缘，一般如果试样都不发生放电，则可认为试样是合格的。对自复性绝缘，要对试样连续施加15次试验电压，如果破坏性放电不超过两次，就可认为产品合格。

对于绝缘材料的冲击击穿试验，是用标准全波。试验时要逐级升高冲击电压，第一次施加的电压幅值约为试样击穿电压的70%，以后每级增加第一级电压的10%左右，直到发生击穿。每次施加电压的时间间隔不少于30s，试样在击穿时，至少要经受三次冲击电压，即击穿要发生在第三次冲击或以后，否则就应降低第一级电压幅值，重新进行试验。

击穿必须发生在全波的峰值或波尾，而不能发生在波头。若发生在波头，就要降低电压继续进行试验。击穿电场强度按式(1.22)计算，但这时 $U_B$ 是脉冲电压的最大值。

（3）ICG-Ⅲ型冲击电流发生器

ICG-Ⅲ型冲击电流发生器用于氧化锌压敏电阻片、各种电介质材料和电子设备的冲击大电流试验,其性能指标如表 1.8 所示。

表 1.8    ICG-Ⅲ冲击电流发生器性能指标

| 1～2.5μs 陡波 | IP≤20kA,VP≤20kV |
|---|---|
| 4～10μs 大电流 | IP≤100kA,VP≤20kV |
| 8～20μs 雷电波 | IP≤40kA,VP≤15kV |
| 18～40μs 雷电波 | IP≤20kA,VP≤12kV |
| 30～60μs 雷电波 | IP≤2kA,VP≤16kV |
| 以上电流波形精度 | 符合 IEC60-2 规定 |

(4)ZGSⅡ400/2 型直流高压发生器

ZGSⅡ400/2 型直流高压发生器用于电力设备及绝缘材料的直流耐压试验和泄漏电流测量,其性能指标如表 1.9 所示。

表 1.9    ZGSⅡ400/2 型直流高压发生器性能指标

| 电压范围 | 0～400kV |
|---|---|
| 电压误差 | < 2.0% |
| 电压脉动因数 | < 0.5% |
| 电流范围 | 0～1999 μA |

**思考题**

①讨论影响损耗因数、介电常数、电阻率和击穿场强的各种因素。

②分析变压器油的损耗因数和介电常数随温度的变化规律。

③冲击电压的测量与交流电压的测量有何不同?

④测量损耗因数和介电常数有多种仪器设备,试比较各种设备的优缺点以及应用范围。

# 第 2 章　局部放电的测量

## 2.1　概　述

局部放电是造成电力设备绝缘系统性能劣化的主要因素之一,多数高压电力设备故障都与其有关,因此检测设备的局部放电水平是评估其绝缘性能的重要途径。

**1. 产生局部放电的原因**

在电气设备的绝缘系统中,各部位的电场强度往往是不相等的,当局部区域的电场强度达到该区域介质的击穿场强时,该区域就会出现放电,但这种放电并没有贯穿施加电压的两导体之间,即整个绝缘系统并没有击穿,仍然保持绝缘性能,这种现象称为局部放电。发生在绝缘体内的称为内部局部放电;发生在绝缘体表面的称为表面局部放电;发生在导体边缘而周围都是气体的,称之为电晕放电。

造成电场不均匀的因素很多,主要有以下三种:①电气设备的电极系统不对称,如电缆的末端等部位电场比较集中,变压器高压出线端,不采取特殊的措施就容易在这些部位首先产生放电;②介质不均匀,如固体-液体组合介质、不同固体组合介质等;③绝缘体中含有气泡或其他杂质。

**2. 局部放电对绝缘的破坏作用**

局部放电会逐渐腐蚀、损坏绝缘材料,使放电区域不断扩大,最终导致整个绝缘体击穿。因此,必须把局部放电限制在一定水平之下。高电压电工设备把局部放电的测量列为检查产品质量的重要指标,产品不但出厂时要做局部放电试验,而且在投入运行之后还要经常进行测量。

放电对材料的破坏主要有三个方面:①带电离子的直接高速撞击作用,造成气隙壁边沿的腐蚀和表面的凹坑,可能切断分子链上的碳碳键和碳氢键;②局部高温作用,局部放电处的温度可能达到 1000℃,可导致局部熔化、化学降解、碳化;③放电时产生的活性产物对材料的加速老化作用,特别是活性物氧 $O$、$O^+$、$O^*$ 在放电时对材料老化有很大的加速作用。

**3. 局部放电的表征参数**

(1)基本表征参数

①视在放电电荷 $q$(放电量)

②放电能量 $W$

③放电相位 $\varphi$

（2）累计表征参数

①放电重复率 $N$（放电次数）

②平均放电电流 $I$

③放电功率 $P$

④累计放电量 $\Sigma q_i$

⑤累计放电能量 $\Sigma W_i$

（3）放电起始和熄灭电压

①起始放电电压

②熄灭电压

（4）统计参数

偏斜度、峭度、相关系数、不对称度。

（5）放电谱图

Hn($\varphi$)、Hqmax($\varphi$)、Hn($q$)、Hn($W$)、Hn($\varphi$、$q$)

局部放电测试谱图如图 2.1 所示。

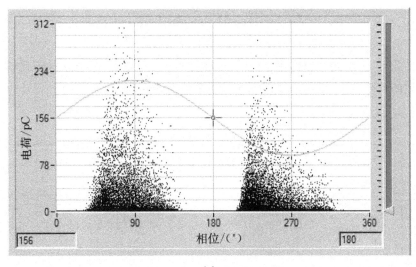

（a）

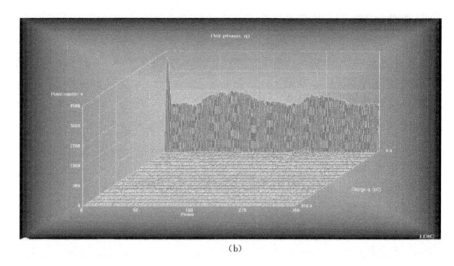

（b）

图 2.1　局部放电谱图

## 4. 脉冲电流法

电测法是根据局部放电产生的各种电现象来测量局部放电的。如果放电时在放电处产生电荷交换，于是在一个与之相连的回路中就会产生脉冲电流，通过测量此脉冲电流来测量局部放电的方法称为脉冲电流法（ERA法）。图 2.2 为脉冲电流法测量原理，图 2.3 为脉冲电流法的测量线路图。

$$u_{\mathrm{d}} = \Delta u_x \frac{C_{\mathrm{k}}}{C_{\mathrm{k}} + C_{\mathrm{d}}} = \frac{q}{C_{\mathrm{d}} + (1 + \frac{C_{\mathrm{d}}}{C_{\mathrm{k}}})C_x} = \frac{q}{C_{\mathrm{v}}} \tag{2.1}$$

由此可见，当测试回路中 $C_x$、$C_{\mathrm{k}}$、$C_{\mathrm{d}}$ 确定时，$C_{\mathrm{v}}$ 为常数，$u_{\mathrm{d}}$ 与 $q$ 成正比，因此通过一定的校正方法，可用测得的 $u_{\mathrm{d}}$ 分度为视在放电电荷 $q$。

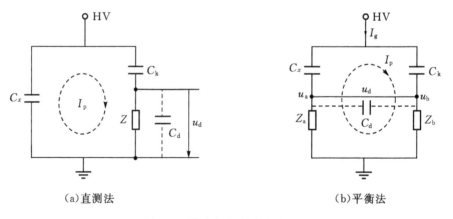

（a）直测法　　　　　　　　　　　　　　（b）平衡法

图 2.2　脉冲电流法测量原理图

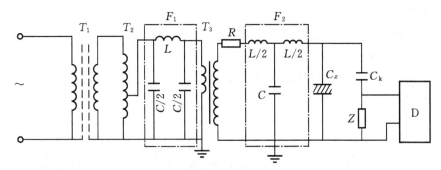

$T_1$—隔离变压器;$T_2$—调压器;$T_3$—高压试验变压器;$F_1$—低压滤波器;$F_2$—高压滤波器;
$C_x$—试品;$C_k$—耦合电容器;$Z$—检测阻抗;$D$—检测仪;$R$—保护电阻

图 2.3    脉冲电流法的测试线路

**5. ERA 法测量放电量的校正**

把试品与整个测量系统连接好之后,用已知的模拟放电产生的瞬变电荷 $q_0$ 注入到试品的两端(施加高电压的两端),在示波器上能看到约 20mm 高度的脉冲幅值,记下这时显示器上响应的读数 $a_0$(格数),则分度系数为 $K$。

$$K = \frac{q_0}{\alpha_0} \tag{2.2}$$

校正完成后,取下校正方波发生器,保持测试系统的测量灵敏度不变,对试品施加规定的试验电压,这时试品若有局部放电,则在显示器上出现响应读数 $\alpha_x$(格数),则试品放电量为

$$q_x = K\alpha_x \tag{2.3}$$

$\alpha_x$ 为试样放电时在显示器上出现的相应读数(格数或高度)。

# 2.2    数字式局部放电测量仪 LDS-6

**1. LDS-6 的应用与技术参数**

计算机辅助局部放电测量系统 LDS-6 根据国际标准 IEC 60270 设计,应用范围涵盖了科学和工业研发、生产环境中的通用测试、现场诊断测试和设备的状态监测。系统不仅适用于实验室测试,同时也可以在恶劣的噪声环境下,执行电厂和电站 HV 设备的现场测试。

技术参数如下:

局部放电检测:< 1 pC@ 50 Ω。

局部放电测量范围(自动):1~100000 pC。

频带范围:100~500 kHz。

A/D 转换器分辨率:12 bit。

脉冲分辨率≤ 100 kHz。

可以测得各种局部放电参数、谱图和指纹。

**2. LDS－6 基本原理图**

LDS－6 基本原理如图 2.4 所示。

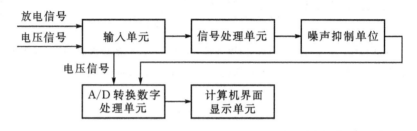

图 2.4　LDS－6 原理框图

主要包括输入模块、处理模块、噪声抑制模块、控制模块、DC 处理模块、外部多通道转换器模块。

**3. LDS－6 系统软件**

软件在 Windows NT/Windows 2000/Windows XP 操作系统下运行,包含完全的 PD 评估工具箱,用于所有类型分析,可用于生产环境下,现场测试甚至周期性或连续监测中产品测试和评估,也可以作为宽范围的 PD 科研。

分析统计工具箱包括以下功能:

①根据标准(IEC,VDE,AEIC,IPCEA,ASTM,ANSI)参数,采用类似于声频或视频播放器的操作面板,重放所有 PD 数量及其衍生量。

②显示类型:传统的时间和椭圆模式显示。

③时间和电压相关显示的所有定义量:视在电荷 $q$,脉冲重复率和频率 $n$、$N$,平均放电电流 $I$,放电功率 $P$,平方率 $D$ 等。

④PD 频率分布。

⑤PD 脉冲分布,分段或连续显示。

⑥脉冲/脉冲相关关系。

⑦所有相位和极性分解统计 PD 参数$(q,H(q))$。

⑧最大值、最小值、平均值、标准偏差、峰度和互相关。

**4. LDS－6 局部放电测量过程**

当发生局部放电时,局部放电回路中会产生一定量的电流脉冲信号,将这个脉冲信号通过测量阻抗 LDM－5 转换为响应电压脉冲。这个脉冲信号的特点一是时间极短,以纳秒(ns)计,二是幅值很低,低到 μV。所以该实验的实验环境要求电磁屏蔽良好,外部噪声很小。微小的局部放电信号通过 PD 检测仪进行信号调理、放大、检波、A/D 转换、储存、数据处理、显示、打印。

LDS－6 局部放电测量仪的测量与校准线路如图 2.5 所示。

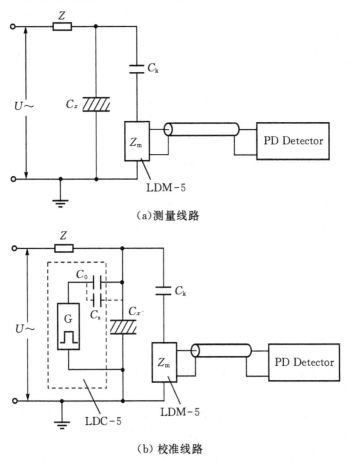

(a)测量线路

(b) 校准线路

图 2.5 LDS－6 局部放电测量与校准线路

局部放电测量过程是首先接好线路,见图 2.5(a),然后进行方波校准,见图 2.5(b)。校准完后取下校准 LDC－5,再下来进行局部放电测量。

采用 LDS－6 将各 PD 的视在电荷数量、电压和时间以及校正电荷一起储存下来,这样就得到任何时间的 PD 数据从而进行连续监测和相位分解的分析,以及对数据进行后期处理,包括统计评估、画出局部放电指纹图等。

### 5. LDS - 6 操作步骤

(1)检查设备、高压连线

试验前必须认真检查试验系统的高压部分接线和地线是否完好；

(2)接入

将准备好的试样接入系统中，注意接试样前一定将变压器关掉；

(3)校正

每次换试样前都应进行校正测量(特别注意：此过程中均不能加压)。

(4)校正步骤

①将校正器 LDC - 5 与试样并联接入系统中；

②调节合适的标准电荷量(与被测试样局部放电大小越接近越好)，关闭屏蔽门；

③先打开 LDS - 6 局部放电仪，再打开计算机的测量软件，在软件界面中选择 Calibration 选项进行校正；

④点击 Reset PD cal. 进行重置，在 Calibration signal 栏中输入 LDC - 5 选择的电荷量，然后点击 PD Calibration 进行校正；

⑤等到校正波形和 Q[IEC]数值稳定后，关闭软件，卸下并拿出标准方波发生器 LDS - 5。

(5)测量步骤

①待校正方波发生器取下拿出后，关闭屏蔽室门；

②打开软件中 Measurement 选项，在 Setting 中可选择观察图形类型，选择完毕后点击 Start；

③打开变压器升压，当快到预定电压大小时，缓慢升压，观察软件界面是否出现局部放电波形；

④当获得满意的波形和放电量 $q$ 时，在 Recording time 栏中填入需要保存记录的波形时间长度后，点击 Save to file 等待测试结束；

⑤测试完成时点击 Save as lxd，选择合适路径，保存测量结果；

⑥将变压器降压至零关闭，打开屏蔽室取出试样。

(6)数据处理：对于测量得到的 lxd 文件，软件中有三种处理方法，分别是：PD analysis(PD 分析)、PD statistics(PD 统计)、PD diagnosis(PD 诊断)：

①PD analysis 主要是对于图形的重新查看，可以选择多种图像类型：局部放电点累加、实时查看、椭圆图、3D 图，对于不同的研究要求选择对应的图形。除此之外也可查看相关放电参数。

②PD statistics 主要是对于测量数据的统计，比如 PD 脉冲分布、平均 PD 电流曲线、AC 周期的平均 PD 电流等，根据自己研究内容可选择。

③PD diagnosis 主要有三个功能：不同数据文件的对比、指纹的统计、放电类型的判断，对进一步深入研究局部放电提供参考和相关的基本数据支持。

(7)试验完成后

取走试样，关闭软件、计算机，切断总电源，锁好门。

# 2.3　SuperB 紫外成像仪在电气设备电晕放电检测中的应用

SuperB 紫外成像仪用于检测可见光范围外人眼不可见的电晕放电和表面局部放电，能在背景干扰中（无论是白天还是晚上）灵敏地探测出缺陷所发射出的微弱的紫外光，能发现引起电场异常的设备缺陷。

**1. 紫外成像仪检测原理**

紫外成像技术就是利用紫外成像仪接收电力设备电晕、电弧和表面放电产生的紫外线信号，经处理后成像与可见光图像叠加，达到确定放电位置和强度的目的。

SuperB 紫外成像仪的检测光谱范图如图 2.6 所示。

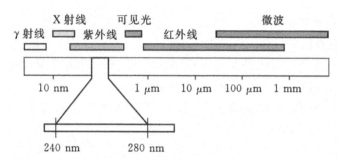

图 2.6　紫外成像仪监测的光谱范围

电晕放电现象的光谱分析表明其波长范围为 230～405nm，在 300～405nm 波段范围内，太阳辐射远比电晕强得多，使得紫外检测仪无法检测到电力设备的电晕放电（干扰严重）。240～280nm 的光谱段称为太阳盲区，该段内由太阳发射的紫外光量极低，在地表的背景辐射为零。因此，选择在日盲波段进行电晕放电的检测，可得到理想的探测效果。

为了准确测定故障的位置，在检测紫外信号的同时，还必须检测背景图像。紫外成像仪有两个通道：紫外线和可见光，即"双光谱成像技术"，使紫外光和背景光分路成像，再进行紫外光图像处理和亮度增强，而后将两路图像作适时融合处理，紫外成像仪的原理如图 2.7 所示。紫外线通道用于电晕成像,监测电力设备电晕放电,可见光通道用于拍摄环境(绝缘体、导线等)图片。两种图片可以重叠生成一幅图片用于同时观察电晕和周围环境情况。因此,它可以在日光下检测电力设备电晕并清楚地显示电晕源的精确位置。

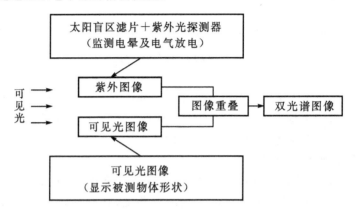

图 2.7　紫外成像仪的原理框图

### 2. 紫外成像仪的应用

电力设备在运行过程中会产生电晕放电和表面局部放电现象。对电气设备进行电晕放电检测,一方面能够及时掌握绝缘可能出现的劣化情况,在严重事故发生之前就可以确定绝缘的危险状况,从而避免事故的发生;另一方面,随着紫外成像检测技术的完善,结合图像分析系统,对于故障诊断智能化及电气设备状态检修的实现具有重要的意义。

电气设备放电过程中,电晕和局部放电部位将向外辐射大量紫外线,这样,便可以利用电晕放电和局部放电的产生和强度来间接评估运行设备的绝缘状况,及时发现绝缘设备的缺陷。与目前普遍采用的红外热像等技术相比,紫外成像技术可发现设备的早期隐患,而红外热像技术往往在隐患发展到一定程度时才可检出。

**思考题**

①讨论局部放电产生的原因以及对电力设备的破坏作用。

②影响局部放电试验的各种因素是什么?

③测量局部放电时为什么要校准?

④简述局部放电测量线路中各个部分的功能作用以及局部放电测量过程。

⑤内部、表面以及电晕放电的区别是什么?

⑥测量表面放电都有什么方法?试比较各种测量方法的优缺点?

# 第 3 章　介质的热刺激电流原理及其应用

## 3.1　概　　述

热刺激理论及其测量方法是近年来发展起来的研究电子材料导电性能和介电性能的一种新方法。该方法比其他方法的优越之处在于：用这种方法可以观测到荷电粒子从低温不平衡状态经升温恢复到热平衡状态全过程中性质的变化。

热刺激电流法，简称 TSC(thermally stimulated current)，是一边对材料升温一边进行测量，即非等温测量。热刺激电流法是将介质在确定的温度和直流电压下极化，而后迅速降至选定的温度，试样中的分子被冻结，去掉极化电源，线性升温并测量短路电流，则测得的退极化电流为热刺激电流。

聚合物中的电荷多是由外电场注入的，当电荷被聚合物中的陷阱俘获束缚时，成为空间电荷。当样品受到热激发时，电荷被激发出来，电极附近的脱陷电子很快与电极上的电荷中和，样品内的电子与空穴复合，电荷脱陷后在局部电场的作用下迁移，在外电路宏观表现为电流，即 TSC。TSC 谱的峰出现的位置和谱的形状能有效反映聚合物内部电荷分布的微观特性，分析 TSC 谱就能获得聚合物内荷电粒子的微观参数，如活化能 $E$、时间 $\tau$、陷阱能级、松弛时间、迁移率等。故它是一种研究介电材料、绝缘材料、半导体材料和驻极体的有效手段。

### 1. 热刺激电流的微观表现

热刺激电流在原理上是表征材料内部的各种荷电粒子特性，如偶极子、热离子、陷阱离子等，但是由于原子和离子位移极化的松弛时间太短，其热刺激电流不容易测量出来，而宏观的热刺激电流，其实质是介质内部荷电粒子微观迁移造成的。

偶极子引起的热刺激电流的微观过程。极性介质施加电压后，造成偶极子转向极化，偶极子转向极化在升温过程中形成的电流就是热刺激电流。这里 TSC 的本质是偶极子转向极化。

热离子(可动离子)引起的热刺激电流的微观过程。试样加电压后，介质内的可移动的正、负离子分别沿电场方向或反电场方向向异极性电极迁移，产生热刺激极化电流。它与介质的吸收电流相对应，但决不等于是吸收电流，同样它与介质放电电流相对应，但也不是放电电流。这里 TSC 的本质是可动离子的定向迁移。

众所周知,介质的自由电子很少,但却有可能存在着另一种形式的电子,即陷阱电子(或空穴)。它同样表现出热刺激电流。陷阱电子的来源可分为两种情况:一种是电极向介质内部注入电子而使介质内的空间电荷比原来增多;另一种是介质内虽无多余的空间电荷但存在陷阱电子或空穴。当介质被加热升温时,陷阱电子受热后可被激发到导带上,沿着介质的内电场向两电极迁移。当向两电极迁移的电子数不相等时,在外电路就有宏观的热刺激电流。对于陷阱电荷引起的热刺激电流,其中包含了电子被捕捉、激发、迁移等更复杂的微观过程。

介质中的热刺激电流发生源主要有偶极子、可动离子和空间电荷(陷阱电子、空穴)。如何分别判断出这些载流子是一项极为重要而有意义的工作。从电流与电压特性来区别出电子导电和离子导电存在很多困难,这是因为空穴电荷限制电流与电压有着平方关系,离子导电流与电压有着双曲线特性,肖特基电流与电压等关系都是非线性的,再加上测量值也往往偏离理论值,所以判断电流发生源是来自偶极子、陷阱电子还是离子将是很困难的。但是,用 TSC 测量就能够比较简单地判断出电流发生源——即介质中的载流子的性质和极性。这是热刺激电流的优点之一。

### 2. 热刺激电流的测量过程

TSC 的测量主要是通过去极化电流随试样温度不断升高的变化谱来研究材料的微观荷电变化的。因而,保持试样内温度与电场的尽可能均匀是必要的。在 TSC 的测量中,要正确选用极化温度 $T_b$、极化电压 $V_b$、极化时间 $t_b$ 和升温速率 $\beta$。

图 3.1 为 TSC 测试原理。对于热刺激去极化电流(TSDC)的测量,如图 3.2 所示,首先利用温度控制将试样升温到某一温度(如图 3.2(a)中)$T_b$,然后合上开关 $S_1$,在对试样加电压 $V_b$ 于一定时间 $t_b$ 后,保持 $V_b$ 不变,将试样温度急剧降到低温 $T_0$,然后打开 $S_1$,合上 $S_2$,再以一定的升温速度 $\beta$ 升温。在升温开始时,由于试样温度很低,分子几乎被"冻结",介质的去极化几乎不能发生,故电路里没有电流流过。随着温度的升高,去极化逐渐开始,电路里产生电流,当温度升至某一点时,去极化全部完成,介质极化达到饱和,随之流过电路里的电流几乎为零。这一过程形成的电流就是热刺激去极化电流(TSDC)。TSC 在本文中所指的就是 TSDC。

### 3. 介质的热刺激电流谱分析

对热刺激电流曲线即实验所得 TSC 曲线进行图谱分析,从图谱中得到介质内部活化能 $E$(或陷阱深度)、松弛时间 $\tau$ 等微观参

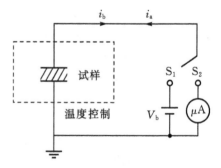

图 3.1　TSC 测量原理

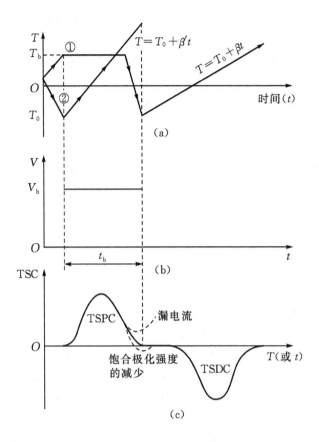

(a)

(b)

漏电流

TSPC

饱合极化强度
的减少

TSDC

$T($或$t)$

(c)

图 3.2 热刺激电流的形成过程

数,是从微观角度认识介质性能的重要手段。然而介质中的陷阱并非单一能级,存在一个分布,热刺激的动力学过程也非常复杂,因此实际的热刺激电流曲线是一个多峰重叠的复合曲线。如果介质中存在多种松弛时,TSC 就会有多个峰出现,如图 3.3 所示,而且各峰出现的时间(温度)是按活化能 $E$ 或松弛时间 $\tau$ 由小到大的顺序排列。所以用 TSC 法就可以将介质中不同活化能的荷电粒子很容易分离开进行研究。

对多个分立陷阱能级的情况进行了研究,将每个能级所对应的峰分离出来,然后用单一能级的 TSC 理论进行分析

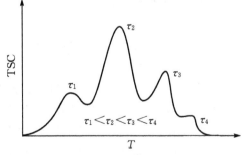

图 3.3 介质含有不同多松弛时间的 TSC 谱图

研究。TSC 峰分离的主要途径有两种:一种是采用实验方法,如热清洗法、分步加热法、热取样法等;另一种是采用软件算法进行分峰。

要从这种复合曲线中取得陷阱参数并解释其物理意义一直是热刺激研究的重点和难点。许多学者对热刺激电流图谱进行了深入研究,一般先求出活化能,然后用活化能再求出松弛时间等参数。常用求活化能的方法有:半峰宽法、初始上升法、全曲线的计算法。

(1)半峰宽法

根据实测的 TSC 曲线计算出活化能(陷阱能级)。由半峰宽法计算公式得活化能为:

$$E = \frac{2.47 T_m^2 k}{\Delta T} \tag{3.1}$$

式中　$E$——活化能,J;

　　　$T_m$——峰值电流对应的温度,K;

　　　$\Delta T$——半峰值对应的温度差,K;

　　　$k$——波尔兹曼常数,$k = 1.38065 \times 10^{-23}$ J/K。

半峰宽法只需从 TSC 实测曲线取三个点就可以计算出活化能,而且计算步骤简单,但是计算过程中假定 TSC 曲线是按单一的弛豫过程,还做了一些近似处理,理论曲线和实测曲线的吻合性并不理想。图谱分析时需根据吻合度不断调整参数,使理论曲线和实测曲线尽量吻合,从而得到最合理的陷阱参数。

(2)初值上升法

TSC 初期上升部分,$T$ 接近 $T_0$,此时的热刺激电流曲线的初始上升部分与温度是成指数关系:

$$I(T) = C_{exp}\left(-\frac{E}{kT}\right) \text{或} \ln I = -\frac{E}{kT} + \ln C \tag{3.2}$$

式中　$I$——热刺激电流,pA;

　　　$C$——常数;

　　　$T$——初始电流对应的温度,K;

　　　$E$——活化能,J。

从公式(3.2)可以看出,$\ln I$ 与 $1/T$ 是直线关系。从直线的斜率 $E/k$ 就可求得活化能 $E$ 的值。然而当温度远离 $T_0$ 时,方程(3.2)不能成立,起始上升法的优点是只利用曲线的上升部分,即可确定 $E$,缺点是只能利用曲线的初始上升部分,而这部分信号较小,容易受到干扰,给计算结果带来误差。

(3)全电流计算法

对于简单的 TSC 曲线(孤立峰),只要在曲线上任取三点 $(T_1, I_1)$,$(T_2, I_2)$,

$(T_3, I_3)$，根据式(3.3)求出活化能。

$$E = \frac{k\left[\ln\left(\frac{I_3}{I_1}\right)\ln\left(\frac{n_2}{n_1}\right) - \ln\left(\frac{I_2}{I_1}\right)\ln\left(\frac{n_3}{n_1}\right)\right]}{\left(\frac{1}{T_2} - \frac{1}{T_1}\right)\ln\left(\frac{n_3}{n_1}\right) - \left(\frac{1}{T_3} - \frac{1}{T_1}\right)\ln\left(\frac{n_2}{n_1}\right)} \qquad (3.3)$$

其中

$$b = \frac{\ln\left(\frac{I_2}{I_1}\right) + \frac{E}{k}\left(\frac{1}{T_2} - \frac{1}{T_1}\right)}{\ln\left(\frac{n_2}{n_1}\right)} \qquad (3.4)$$

$$n = \frac{1}{\beta}\int_T^{T_\infty} I\,\mathrm{d}T' \qquad (3.5)$$

全曲线计算法的优点是计算过程中不需对陷阱能级分布做假设，对于单陷阱能级的单峰曲线的处理比较方便。然而在实际的图谱分析中，全曲线计算法却存在很大困难。全曲线计算法的关键是式(3.5)的积分计算，由于介质本质的耐温限制，在实际测量的去极化电流并没衰减到零前，TSC 测试就不得不结束，式(3.5)无法进行积分计算，只能靠估计，从而引入误差。

# 3.2　热刺激电流测试仪

测量介质材料的极化和去极化电流即 TSC 曲线，根据 TSC 曲线利用上面的公式计算活化能、松弛时间等参数。

### 1. 技术指标

热刺激电流测试仪的技术指标如表 3.1 所示。

表 3.1　技术指标

| 极化电压范围 | 0～±1kV |
|---|---|
| 电流测量范围 | 1fA～20mA |
| 温度范围 | −160～400℃ |
| 升温速度 | 0.5～30℃/min |
| 薄片试样尺寸 | Ø22～42mm,厚度 1mm 左右 |
| 液体试样 | 2cc |

### 2. 操作规程

①在断电情况下将试样放入温控腔体；

②打开桌面的 WINTSC 测量软件,输入试样直径、厚度、给测量结果文件命

名、设置测试条件(极化电压、保温加压时间、升温速率等)。注意试样加偏压超过250V时,需要预先确认试样的击穿电压,保证所加电压不会击穿试样造成短路;

③合上温度控制面板电源、真空泵电源、6517B静电计电源。在软件测量菜单中点击START进行自动测试,测试结束后,结果文件自动保存;

④测量结束后,关闭上述各单元电源。

**思考题**

①热刺激电流的定义。

②简述热刺激电流测量过程。

③热刺激电流可以求解哪些参数?

④求解活化能的方法有几种?试比较他们的优缺点。

# 第4章　热分析技术及其应用

## 4.1　概　述

热分析是仪器分析的一个重要分支,是利用热分析仪器对物质进行宏观描述的一类实验技术。热分析技术是建立在物质热性能上的分析方法,它为材料的研究提供了一种动态的分析手段,有快速、简便、样品用量少、样品形式不受限制等显著优点。因此,热分析技术已经成为材料研究不能缺少的有力工具,对物质的表征发挥着不可替代的重要作用。

从1887年法国的Lechar Lier教授采用热电偶测量粘土分析开始,1899年,Roberts-Austen发明差热分析(DTA,differential thermal analysis),1915年,Honda首次提出连续测量试样质量变化的热重分析(TGA,thermogravimetric analysis),1955年,Boersma发明了现在的热流差示扫描量热法(DSC,differential scanning calorimetry),1964年,Watson首次发表了功率补偿的差示扫描量热法(DSC)新技术。至今,热分析技术的发展已有一百多年的历史。但热分析技术的真正突破是在20世纪50年代以后,其原因一是电子工业的迅速发展,自动控制与自动记录技术用于热分析仪器上,特别是20世纪80年代后,计算机的发展与应用,极大的提高了热分析仪器的自动化程度;二是热分析的理论得到了进一步地完善,应用领域不断扩展。从此,有关热分析的方法、理论和应用的研究文献以每年成千上万的速度出现,极大地丰富了热分析技术的内涵。

现代热分析技术的应用已经遍及化学、化工、地质、煤炭、石油、石化、冶金、建材、陶瓷、玻璃、土壤、航天、航空、火药、电子、电工、化纤、塑料、橡胶、医药、食品、生化、考古、刑侦、消防等各个领域。

### 1. 热分析的定义

1977年国际热分析协会(ICTA,International Confederation for Thermal Analysis),1992年后改为国际热分析和量热协会(ICTAC,International Confederation for Thermal Analysis and Calorimetry)第七次会议给热分析定义如下:"热分析是在程序控制试样温度下监测试样性能与时间或温度关系的一组技术,试样保持在设定的气氛中,温度程序包括等速升(降)温、或恒温、或这些程序的任何组合。"很明显,这个定义有一定的缺陷,不够严谨。在大多数的情况下,采用程序控制是控制环境温度而不是试样的温度,气氛是一个选用参数,不是必须设定的参数。热分析的意义不仅仅是监测,热分析的全部应该既包括热分析的测量技术(试样物理和化学性能变化的测量),也包括热分析的测量方法(如何评估和解释测量获得的数值或曲线图形),显然,热分析技术与热分析方法之间存在一定的差别。因此,国际热分析和量热协会(ICTAC)于 2004 年重新对热分析提出了简单的新定义:"热分析是研究样品性质与温度间关系的一类技术。"此处所说的样品是指被测量的原始物质,包括原始物质反应的中间产物和最终产物。

根据这个新定义,进行热分析需要符合下述三个条件:

①必须测量试样的某种物理或化学性质。诸如热学的、力学的、电学的、光学的、磁学的、声学的等。

②测量的物理量必须直接或间接表示为温度(或时间)的关系。

③必须在可以控制和测定的温度下测量试样的物理量。

上述定义,若用数学表达式,即

$$P = f(T) \text{ 或 } P = f(t) \tag{4.1}$$

其中,$P$ 是物质的物理性质,$T$ 是物质的温度,$t$ 是时间。

**2. 热分析定律**

热分析技术的核心是研究物质在受热或冷却时所产生的物理和化学的变化与温度所涉及能量变化的关系。物质的状态是物质的物理性质和化学性质的总和。在外界对物质既不传热也不做功的条件下,不管其初始状态如何,经过一定的时间后,必然会达到其宏观物理性质不随时间变化的状态,这种状态被称为平衡态。按物质的宏观性质划分,物质的聚集状态可分为固态、液态和气态,物质的聚集态与温度和压力有关。热分析技术的理论依据是热力学的基本概念和定律。热是当系统与环境的温度存在差异时,在系统与环境之间所传递或交换的能量(或热量),属于物质运动能量传递的一种形式,它与过程的性质无关。关于能量守恒与转化的热力学第一定律:

$$Q = \Delta U + A_w \tag{4.2}$$

式中　$Q$——外界向系统传递的热量,J;

　　　　$\Delta U$——系统的内能,J;

　　　　$A_w$——系统对外界所做的功,J。

其意义为系统在任何一种过程中吸收的热量必然等于系统内能的增量和系统对外界所做的功。

热力学第二定律可以表述为在有限空间和时间内一切物理、化学过程的发展具有不可逆性。需要采用一个热力学函数——吉布斯函数 $G$ 进行说明,其表达式为:

$$G = H - TS \tag{4.3}$$

对于某特定的封闭体系,系统只作体积功,在等温和等压条件下,由初始状态变化到最终状态时,吉布斯函数的变化值为:

$$\Delta G = \Delta H - T\Delta S \tag{4.4}$$

式中　$\Delta G$ ——吉布斯函数的变化,J;

　　　$\Delta H$ ——焓变,J;

　　　$T$ ——热力学温度,K;

　　　$\Delta S$ ——熵变,J/K。

当 $\Delta G$ 小于零时,为自发进行过程;$\Delta G$ 等于零时为平衡过程;$\Delta G$ 大于零时,表明该过程不能自发进行。平衡态是对应于吉布斯函数 $G$ 为最低的状态,任何体系总是自发的趋向于吉布斯函数的最小状态。

在热分析的过程中,程序控制下的温度不断变化,使得样品、坩埚、支架、周围的环境、气氛之间进行着热量不断地传递和交换。

物质的热传导是指热量在静止物体中高温部分向低温部分或向与其接触的温度比较低的另一静止物体传递的过程。

用于表述传导的热量与温度梯度、时间与导热方向垂直的面积之间关系的傅里叶定律(Fourier),其数学表达式为:

$$\frac{\mathrm{d}Q}{\mathrm{d}t} = \lambda \mathrm{d}A_\mathrm{t} \frac{\partial T}{\partial l} \tag{4.5}$$

或

$$q = \frac{\mathrm{d}Q}{\mathrm{d}t\mathrm{d}A_\mathrm{t}} = -\lambda \frac{\partial T}{\partial l} \tag{4.6}$$

式中　$q$ ——热流量密度,W/m$^2$;

　　　$Q$ ——传导热量,J;

　　　$t$ ——时间,h;

　　　$\lambda$ ——导热系数,W/m·k;

　　　$l$ ——与热流垂直的距离,m;

　　　$A_\mathrm{t}$ ——导热面积,m$^2$。

其物理意义是,对于两个与热流垂直的间距为 d$l$ 的等温平面,在 d$t$ 时间通过 d$A_\mathrm{t}$ 面积传导的热量 d$Q$ 与温度梯度($\frac{\partial T}{\partial l}$)以及导热面积成正比。$\lambda$ 越大,物体的导热能力就会越大。

热对流是发生在流体内的一种热量传递过程。热量从高温部分传递到低温部分,一般可用牛顿冷却定律描述对流传热的热流量与流体壁面温度和流体温度的温度差的关系,表达式为:

$$q = \frac{dQ}{dt dA_r} = \alpha_f(T_w - T) \tag{4.7}$$

式中　$q$——对流传热的热流量密度，$W/m^2$；

　　　$T_w$——壁面温度，K；

　　　$T$——流体温度，K；

　　　$a_f$——对流传热膜系数，$W/m^2 \cdot K$。

在许多应用的实际场合中，会同时存在热传导和热对流。这种传热过程在间壁两侧的流体平均温差为 $\Delta T_m$，那么传热过程中的热流量为：

$$q = \frac{Q}{A_r t} = k(T_t - T_{col})m = \frac{\Delta T_m}{\left(\dfrac{1}{k}\right)} \tag{4.8}$$

式中　$T_t$——热流体的温度，K；

　　　$T_{col}$——冷流体的温度，K；

　　　$A_r$——传热面积，$m^2$；

　　　$k$——比例系数，称为总传热系数，$W/m^2 \cdot K$。

传热的过程除热传导和热对流之外，还有热辐射发生的传热过程，物质原子中的电子受激振动时，就会向外发射辐射能。有时这三种传热的过程会同时存在。

**3. 热分析的应用**

常用的热分析方法有：热差示扫描量热分析（DSC）、差热分析（DTA）、热重分析（TGA），除这三种方法为热分析的支柱之外，还有动态（热）机械分析（DMA，dynamic mechanical analysis）、热机械分析（TMA，thermo mechanical analysis）、逸出气体分析（EGA，evolved gas analysis）、热光分析（TOA，thermo optical analysis）、化学发光（TCL，thermo chemiluminescence）等。

如前所述，热分析方法的应用已经遍及于各个领域。综合来说有如下几个方面：

（1）物质的成分分析和含量鉴别

如无机物、有机物、药品以及高分子聚合物的鉴别和分析，以及物质结合或聚合的相图研究。

（2）物质稳定性和劣化性的研究

物质的热稳定性、抗氧化性能和抗电气老化性能、抗环境污染性能等的测定。

（3）各种物理和化学反应的研究

物质的各种反应，如固体与固体、固体与液体、固体与气体、气体与气体、液体与液体发生的物理的和化学的反应，以及添加剂、催化剂性质的测定、反应动力学的研究、工艺温度和反应温度的测定与控制、反应热的测定、反应过程的研究，包括反应过程和分解过程表观活化能的计算等等。

（4）材料质量的检定

纯度的测定、熔化性能、导热性能、混合物中不同物质比例的测定、物质的质量检验，以及材料的相转变、玻璃化转变和居里点、材料的优选、材料使用寿命的测定等。

（5）材料机械性能的测定与研究

耐受冲击性能、粘弹性能、弹性模量、剪切性能、机械损耗等性能的检测和分析研究。

（6）大气环境的检测

如光照、气压、气流、湿度、温度与时间、污染条件下的材料运输与储存性能的检测等等。

（7）应用

①DSC 特别适用于：比热容、热焓变、热焓转化率、熔融焓、结晶度、熔点、熔融行为、低分子结晶体的纯度、结晶行为、冷却行为、蒸发、升华、解吸、吸附、固-固转变、多晶转变、玻璃化转变、无定性软化、热分解、热解、热聚、降解、解聚、温度稳定性、化学反应、研究反应动力学和应用动力学（预测）、氧化稳定性、氧化降解、组分分析、不同批次样品的比较、同类产品不同厂家的竞争。

②DTA 非常适用于：固-固转变、多晶转变、氧化稳定性、氧化降解。不太适用于：比热容、焓变、焓转化率、熔融焓、结晶度、熔点、熔融行为、结晶行为、冷却行为、蒸发、升华、解吸、吸附、玻璃化转变、无定性软化、热分解、热解、热聚、降解、解聚、温度稳定性、化学反应、研究反应动力学和应用动力学（预测）、不同批次样品的比较。

③TGA 特别适用于：低分子结晶体的纯度、蒸发、升华、解吸、吸附、热分解、热解、热聚、降解、解聚、温度稳定性、反应动力学和应用动力学、氧化稳定性、氧化降解、组分分析、不同批次样品的比较、同类产品不同厂家的竞争。不太适合于：化学反应。

④TMA 特别适用于：玻璃化转变、无定性软化、线性膨胀系数。不太适用于：熔点、熔融行为、热分解、热解、热聚、降解、解聚、温度稳定性、氧化降解、氧化稳定性、不同批次样品的比较。

⑤DMA 特别适用于：玻璃化转变、无定性软化线性、弹性模量、剪切模量、力学阻尼、粘弹性能。不太适用于：不同批次样品的比较。

⑥TOA 特别适用于：熔点、熔融行为、结晶行为、冷却行为蒸发、升华、解吸、吸附、固-固转变、多晶转变、不同批次样品的比较、同类产品不同厂家的竞争。不太适用于：玻璃化转变、无定性软化、热分解、热解、热聚、降解、解聚、温度稳定性。

⑦TCL 特别适用于：氧化稳定性、氧化降解。不太适用于：化学反应、不同批

次样品的比较。

⑧EGA 特别适用于：蒸发、升华、解吸、吸附、热分解、热解、热聚、降解、解聚、温度稳定性、组分分析、不同批次样品的比较、同类产品不同厂家的竞争。

# 4.2　DSC822$^e$型热差示扫描量热仪

### 1. 差示扫描量热法

差示扫描量热法(DSC)是在程序控制温度下,测量输入到试样和参比物的热流(或功率)差与温度关系的一种技术。

$$\Delta W = W_S - W_R = f(T \text{ 或 } t) \tag{4.9}$$

式中　$W_S$、$W_R$——分别代表试样与参比物的热流(或功率),W；

$T$——温度,K；

$t$——时间,h。

按测定方法,这种技术可以分为两种类型:功率补偿型差示扫描量热法和热流型差示扫描量热法。两种仪器的原理差别如图 4.1 所示,记录的曲线叫热差示扫描量热曲线或 DSC 曲线,DSC 曲线的纵坐标是试样与参比物的热流差或功率差,单位为 mW 或 mJ/s,横坐标是温度($T$)或时间($t$),单位为℃或 h。

由于物质在加热过程中,会发生脱水、相变、结晶熔融、化合、分解或氧化与还原反应等现象,产生热效应,热焓变化引起热流差,记录热流量变化与温度变化的关系,就称为 DSC 曲线,在进行 DSC 分析时,首先将试样和参比物分别装入坩埚内,再将

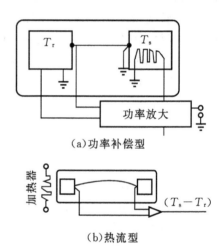

(a)功率补偿型

(b)热流型

图 4.1　热流型和功率补偿型 DSC 原理图

装有试样和参比物的坩埚分别放在炉膛中相对应试样和参比物坩埚的底座上,仪器的坩埚底座下分别装有热电偶,热电偶以差分形式连接。在程序加热过程中,如果试样和参比物之间无温度差,则记录的曲线为一条直线。如果发生放热反应(如氧化、固化、结晶等),则试样的温度高于参比物温度,热流差为正值,就会在 DSC 曲线上出现放热峰;如果发生吸热反应(如脱水、熔化、玻璃化转变等),则试样的温度低于参比物的温度,热流差为负值,就会出现吸热峰。如图 4.2 所示为 DSC 曲线。

### 2. 仪器工作原理

DSC822$^e$ 是热流型热差示扫描量热分析仪,其工作原理如图 4.3 所示,热流型 (Heat Flux)在给予试样和参比物相同的功率下,测定试样和参比物两端的温差 $\Delta T$,然后根据热流方程,将 $\Delta T$(温差)换算成 $\Delta Q$(热量差)作为信号的输出,如图 4.4 所示。

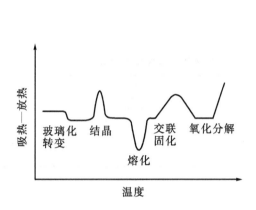

图 4.2　高分子材料的典型 DSC 曲线

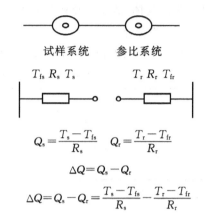

$$Q_s = \frac{T_s - T_{fs}}{R_s} \qquad Q_r = \frac{T_r - T_{fr}}{R_r}$$

$$\Delta Q = Q_s - Q_r$$

$$\Delta Q = Q_s - Q_r = \frac{T_s - T_{fs}}{R_s} - \frac{T_r - T_{fr}}{R_r}$$

图 4.3　DSC 仪器的工作原理

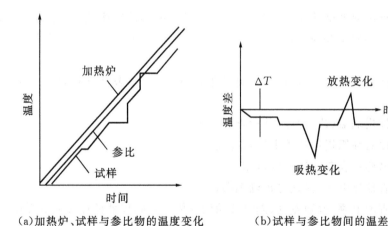

（a)加热炉、试样与参比物的温度变化　　　（b)试样与参比物间的温差

图 4.4　DSC 测试的热流与温度曲线示意图

### 3. 附件配置与性能指标

（1）仪器配置

一台型号为 AG135 型的电子天平,Max31g/101g,$d = 0.01mg/0.1mg$;50L

专用密封压力不锈钢液氮罐一个,大小不同和材质各异的试样坩埚有:铁锅、钢锅、铝锅、铜锅、白银锅、铂金锅、黄金锅、三氧化二铝陶瓷坩埚、石英埚、玻璃埚等等,大小依次为 $20\mu l$、$40\mu l$、$70\mu l$、$100\mu l$、$120\mu l$、$150\mu l$、$160\mu l$、$270\mu l$、$500\mu l$、$900\mu l$,常用的坩埚有 $20\mu l$、$30\mu l$、$40\mu l$ 铝锅和 $70\mu l$ 的三氧化二铝陶瓷坩埚,另外配置的有 150 个大气压的钢瓶与减压阀各一个,流量计两个,仪器进行试样测试时用普通氮气作为动态平衡气体,液氮气化作为升温和降温的冷却保护气体。

(2) 性能指标

DSC 822$^e$ 的性能指标如表 4.1 所示。

表 4.1　DSC822$^e$ 型热差示扫描量热分析仪技术参数

| 温度范围 | $-150\sim700^\circ C$ |
|---|---|
| 最高升温速率 | 100K/min |
| 温度重复性 | $\pm0.15^\circ C$ |
| 分辨率 | $0.005^\circ C$ |

注:用氮气和液氮冷却。

### 4. 仪器测试操作步骤

(1)准备

①根据试样测试的需要,购买和准备好选择的测试气体、液氮、普通氮气;

②选择和称量坩埚,试样锅和参比锅材质与大小完全一样,重量保持同重为好;

③试样放入坩埚内进行称量,并读取试样重量,一般试样重量 2~5mg,不超过 8mg;

④试样坩埚盖(或封)盖,并检查(封)盖盖完好;

⑤可以对纯铝坩埚的盖上进行扎孔(以便排气);

⑥将试样锅和参比锅放好待用;

⑦检查仪器电源、接线等正确无误;

⑧检查液氮罐、普通氮气、测试选用的气体三者到仪器的连接完好无误。

(2)测量

①打开电源,打开 DSC 仪器主机电源;

②打开计算机电源,在弹出的 INGRESS 下,输入"用户名"进入。

③双击 TA 图标的 STARsoftware,在弹出 METTLER STAR$^e$ 一下,分别输入"软件名和密码"进入操作软件界面,没有进行试验测试时,操作界面下边呈绿色;

④在 METTLER:STARe-栏下,先点击 Session,再点击 Method Windon(方法窗口);

⑤在弹出(METTLER)- STARe Method 方法界面三个空白选择框内,分别选中填入 DSC、Aluminum standard(标准铝锅)40μl(或 copper 40μl 铜锅等)、温度;

⑥在方法界面里,选择和编辑试验程序(开始温度、升温速率、最终温度、保温时间、降温开始温度、降温速率、降温结束温度等),气体方式(气体种类和流量),键入确定好的试验程序和需要的多个参数;

⑦在方法界面里点击保存,在弹出条框内给试验程序命名一个(实验方法)名称后关闭,再关闭(METTLER)- STARe Method (方法界面);

⑧在 METTLER:STARe-栏下,先点击 Session,再点击 Experiment Windon (实验窗口),弹出 METTLER - STARe experiment 实验界面;

⑨点击框内的 Select mothod,在弹出的 Select mothod 界面下,选中 Name 下的实验方法,点击 Open;

⑩在 METTLER - STARe experiment 实验界面下,在 Sample name 的空白框内键入样品名称,在 Weight 的空白框内键入样品重量;选中 Module 框内的 dsc822e/700/815/427245/834 仪器规格型号,点击 Send experiment,发送实验;

⑪打开氮气气源保护,调好气源流量(干燥气源流量最大 140ml/min,一般流量小于 80 ml/min);

⑫打开液氮灌的两个开关阀,试验时液氮灌的气体压力表在 140～170kPa 为好;

⑬查看操作界面左下角显示的几种要求提示,显示放置试样时,打开仪器炉子的炉盖,用摄子将试样锅和参比锅放进仪器的各自位置处,即试样锅放在 S 下,参比锅放在 R 下,确保正确无误,盖好炉盖;

⑭检查试验方法发送成功后,点击操作界面右下角的 OK;

⑮观察操作界面左下角的显示温度,当达到试验要求的开始温度时,操作界面下边变为红色,显示的 Cell Temperature(Tc)温度数值下边由 Setting 变为 Measurement 后,进入试验测试阶段;

⑯适时观察试验进行情况。试验完成后,操作界面又变为绿色,显示温度小于100℃后,取出样品锅,在操作界面右下角,点击 OK,试验测试完成。

(3)实验结果处理、保存和拷贝

①再在 METTLER:STARe 的 Session 下,点击 Evaluation windon 评价窗口;

②弹出 METTLER - STARe:Evaluation 评价界面,(界面上有:File、Edit、

View、info、math、Ta、DSC、TGA、DMA、TTS、Setting、Help 功能;)打开 Open curve 曲线库,(弹出 open curve 界面)在 Open curve 界面里,选中需要处理的试样名称,点击 Open;

③在 METTLER - STARe:Evaluation 评价界面显示试验测试曲线,根据需要分别选用 File(24)、Edit(9)、View(11)、info(18)、Math(19)、Ta(22)、DSC(11)、TGA、DMA、TTS(11)、Setting(9)、Help(3)下的多种功能,进行实验曲线编辑和数据处理,完成试验曲线的优化和数据处理编辑;

④在 File 下,选择 Import/Export(导入/导出)并选中点击 Export、Other、Format…,在弹出窗口里选择 E 盘区建立个人试验结果保存专用文件夹,再分别选择图形(png)和文本(txt)格式从数据库中导出和保存试验曲线和数据;

⑤找仪器管理员游盘杀毒;

⑥拷贝曲线和数据结果;

⑦如需要可以打印图形和数据;

(4)试验结束

①选择 METTLER:STARe -(操作软件),在 Session 下:点击 Exit,退出软件系统。

②关闭计算机和仪器电源。

**5. DSC 曲线处理与结果分析**

(1)处理

试验测试完成后,需要对测试曲线进行处理和分析,在 METTLER - STARe:Evaluation 评价界面的数据曲线库里,打开实验结果曲线,用鼠标分别对准和激活曲线的两个坐标,选中 info 下,点击 method,试验方法出现在图上,在曲线的峰上,用鼠标画一个小方框(粉红色),选中 TA 后,点击 Signal value,出现一个"×"在峰顶上,如不在峰顶时可以用鼠标移动到峰顶,显示出峰顶的数值,如图 4.5 所示。同样的方法可以标出各个峰的开始温度点、结束温度点,显示其数值,在曲线峰的开始和结束拐角处分别用鼠标各画一个小方框(粉红色)选中 TA 后,点击 Peak,对峰的基线和两个拐角分别作切线,就可以看到各个切线的交叉点温度值(按 IC-TAC 规定,交叉点左右的温度值,分别是峰的开始温度和结束温度),如图 4.6 所示,同样的方法,从曲线峰的开始点到结束点画个方框,选中 TA 后,点击 Integral,曲线的各个峰的积分值显示出来,从每个峰的积分数值中,可以读取每毫克试样的吸热或放热量,如图 4.7 所示。重新在试验曲线峰的开始点到结束点画个方框,选中 DSC 下,点击 Crystallinity,给弹出框里键入每毫克试样的热量后点击 OK,曲线各个峰的结晶度数值呈现出来,如图 4.8 所示。

(2)分析

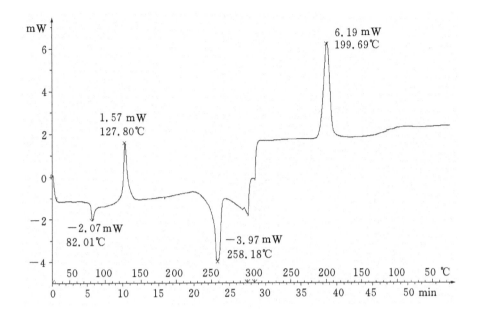

图 4.5　DSC 曲线峰值点

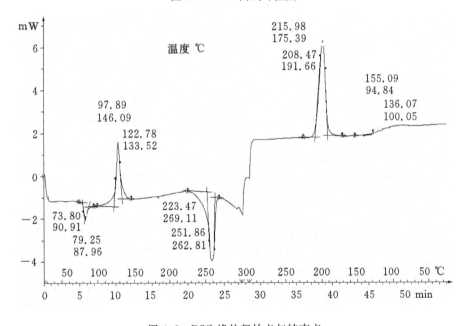

图 4.6　DSC 峰的起始点与结束点

从图 4.5、4.6、4.7、4.8 分别可以看出,试验分为三个温度区间,升温阶段 25 ～300℃;保温阶段 300℃保温时间 1 分钟;降温阶段 300～25℃,升温和降温速率

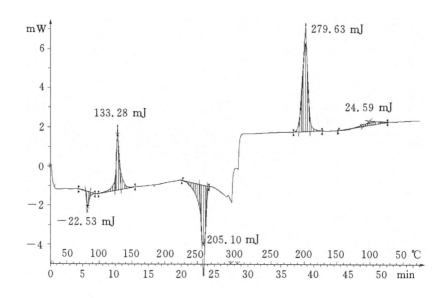

图 4.7　DSC 曲线峰积分值

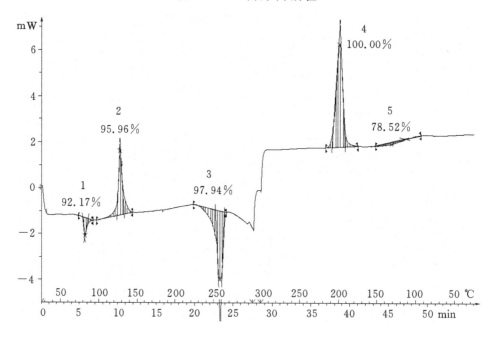

图 4.8　DSC 曲线峰结晶度值

都是 10℃/min,第一个吸热峰的峰点温度:82.01℃,吸热量:－2.07mW;第二放热峰的峰点温度:127.80℃,放热量:1.57mW;第三个吸热峰的峰点温度:

258.18℃,吸热量:-3.97mW;第四个放热峰的峰点温度:199.69℃,放热量:6.19mW。各个峰的开始温度—结束温度①73.80℃-90.91℃;②97.89℃-146℃.09;③223.47℃-269.11℃;④215.98℃-175.39℃;⑤155.09℃-94.84℃。各个峰外延的开始温度—结束温度为①79.25℃-87.96℃;②122.78℃-133.52℃;③251.86℃-262.81℃;④208.47℃-191.66℃;⑤136.07℃-100.05℃。显出两种标法的差别,第一个吸热峰吸收的热量为-22.53 mJ,第二个放热峰放出的热量为133.28mJ,第三个吸热峰吸收的热量为-205.10 mJ,第四个放热峰放出的热量为279.64 mJ,第五个转化区放出热量为24.59mJ,第一个吸热峰的结晶度为92.17%,第二个放热峰的结晶度为95.96%,第三个吸热峰的结晶度为97.94%,第四个放热峰的结晶度为100.00%,第五个转化区的结晶度为78.52%。结合曲线和温度数据值分析认定:第一个是玻璃化转变吸热峰,第二个峰是解晶放热峰,第三个是熔融吸热峰,第四个是固化放热峰,第五个是再次玻璃化的放热过程。即:试样从玻璃态→高弹态→粘流态→高弹态→玻璃态的一个循环过程(温度条件:25℃-300℃-300℃-25℃,速度10℃/min,在300℃保温1min)。

(3)结论

测试试样是聚酯材料。

**6. DSC 的应用**

(1)测定试样的熔点

熔点是物质从固态到液态相转变的温度,是 DSC(DTA)最常测定的物性数据之一。其测定的精确度与热力学平衡温度的误差可达±1℃左右。目前采用 IC-TAC 推荐的方法,测出某一固体物质的熔融吸热峰,如图 4.9 所示。图中各点温度:点 $B$ 是起始温度;点 $G$ 是外推起始温度,即峰的前沿最大斜率处的切线与前基

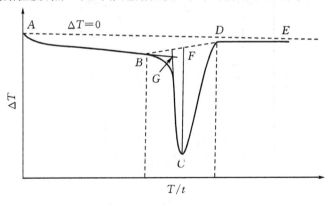

图 4.9　试样的熔点

线延长线的交点处温度;点 $C$ 是峰顶温度;点 $D$ 是终止温度。外推起始温度与热力学平衡温度基本一致,而且其值基本不受升温速率的影响。因此 ICTAC 规定用此点代表熔点。

(2)测定材料的玻璃化转变温度

玻璃化转变温度是高分子聚合物的一个重要特性参数,是高分子聚合物从玻璃态转变为高弹态的温度。在高分子聚合物使用上,玻璃化转变温度一般为塑料的使用温度上限,橡胶使用温度的下限。从分子结构上讲玻璃化转变是高聚物无定形部分从冻结状态到解冻状态的一种松弛现象,而不像相转变那样有相变热,所以它是一种二级相变(高分子动态力学中称主要转变)。在玻璃化温度以下,高分子聚合物处于玻璃态,分子链和链段都不能运动,只有构成分子的原子(或基团)在其平衡位置作振动;而在玻璃化温度时,分子链虽不能移动,但是链段开始运动,表现出高弹性质;温度再升高,就使整个分子链运动而表现出粘流性质,在玻璃化温度时,高分子聚合物的比热容、热膨胀系数、粘度、折光率、自由体积以及弹性模量等都要发生一个突变。DSC 测定玻璃化转变温度就是基于高分子聚合物在玻璃化温度转变时,热容增加这一性质。在 DSC 曲线上,其表现为,在通过玻璃化转变温度时,基线向吸热方向移动。如图 4.10 所示,图中点 $A$ 是开始偏离基线的点。把转变前和转变后的基线延长,两线间的垂直距离 $\Delta J$ 叫热差,在 $1/2(\Delta J)$ 处可以找到点 $C$。从点 $C$ 作切线与前基线延长线相交于点 $B$。ICTAC 建议用点 $B$ 的温度作为玻璃化转变温度。实际上,也有取点 $C$ 或取点 $D$ 的温度作为玻璃化转变温度的。在测定过程中,除了与试样玻璃化转变前后的热容 $C_p$ 之差有关外,还与升温速率有关,此外与 DSC 灵敏度也有关。

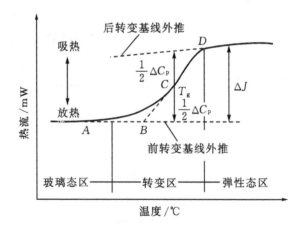

图 4.10　玻璃化转变温度

玻璃化转变温度,没有很固定的数值,往往随测定方法和条件而变。因此,在标出某高分子聚合物的玻璃化转变温度时,应注明测定的方法和条件。

(3)测量比热容

比热容量测量除了可以测量物质转变、熔融和反应等的温度、热量之外,还可以通过 DSC 测量,求出比热容量($C_p$)。图 4.11 以数学模型表示了使用 DSC 测量求取比热容量的原理。对空容器和未知试样以及已知热容量的参比物在相同条件下进行测量,根据所得的 DSC 数据(图 4.11(a)、(b)及(c)),使用下面的 4.10 公式,即可求出未知试样的比热容量($C_p$)。

$$C_{ps} = \frac{H}{h} \cdot \frac{m_r}{m_s} \cdot C_{pr} \tag{4.10}$$

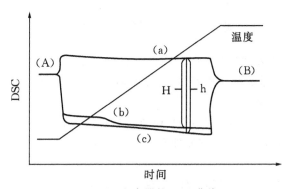

(a)空容器的 DSC 曲线
(b)未知试样的 DSC 曲线
(c)参比物的 DSC 曲线

图 4.11　DSC 方式测量比热容量

**7. 影响 DSC 曲线的诸因素**

(1)实验者的操作因素对 DSC(DTA)曲线测定的影响

测量使用相同的热分析仪器、同样的试样、同样的实验条件和方法,不同的人操作,会得到差别很大的热分析曲线。即使是同一个人操作,有时由于粗心大意,也会操作出错得到完全不一样的实验结果,如图 4.12 所示。可以看出三种 DSC 曲线的差别比较大,说明操作者对测试结果的影响因素是很大的。

(2)升温速率对 DSC(DTA)曲线测定的影响

一般来说,DTA、DSC 曲线的形状,随升温速率的变化而变化。当升温速率增大时,曲线的起始温度、峰温和终止温度随之向高温方向移动,峰形变得尖而陡,峰面积也会变大,反之,当降温速率增大时,曲线的各个相应的温度点会向低温方向

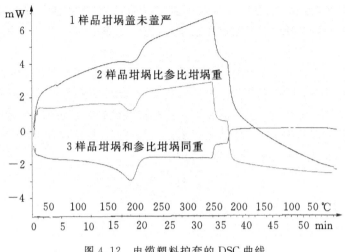

图 4.12　电缆塑料护套的 DSC 曲线

移动。如图 4.13 所示,样品的 DSC 曲线随升温速率提高而变化的曲线。

升温速率不仅影响各个峰值点的温度值,同样会影响 DSC、DTA 曲线的形状,影响相邻峰的分辨率。

(3)气氛和气体流量对 DSC(DTA)曲线测定的影响

实验所用气体的氧化性、还原性和惰性对 DTA、DSC 曲线的影响很大。可以被氧化的试样,在空气或氧气氛中会有很大的氧化放热峰;但在氮气或其他惰性气体中就没有氧化峰了。相同的气体,气体流量的大小不同,也会影响测试结果,因此,做热分析实验不仅要选择合适的气体,而且也要选择好相应的气体流量。如气体流量太大时,则样品热分析曲线上的各个温度点也会有往后延迟的现象。如图 4.14 所示,两种不同气体流量时的 DSC 曲线。

(4)试样用量、粒度、形状和装填情况对 DSC(DTA)测试结果的影响

试样用量越多,内部传热时间越长,形成的温度梯度越大,DSC(DTA)峰形就会扩张,分辨率要下降,峰项温度会移向高温。特别是在静止空气中,温度滞后会更严重,在流动气氛中,这种差别将会减少。这也是热分析最好在动态气氛中做的原因。

DSC(DTA)曲线峰面积与试样的热传导率成反比;而试样的热传导又依赖于样品颗粒大小的分布和样品装填的疏密,即颗粒之间的接触以及与埚接触的程度都有关系。所以,为了提高 DSC(DTA)曲线各个温度点和峰的准确性与重复性,试样装填方式也很重要。一般说来,试样装填越紧密,试样颗粒间接触越好,有利于热传导,因而温度滞后现象越小。但对有气体逸出或与周围气氛起反应的情况,不利于气体的扩散和逸出,致使反应滞后。为了得到重现性较好的曲线,要求试样

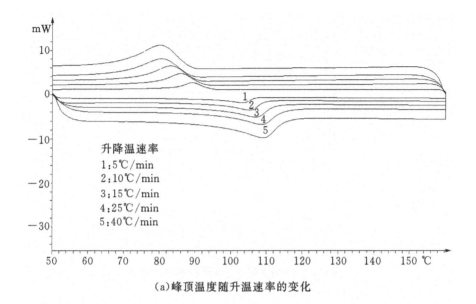

（a）峰顶温度随升温速率的变化

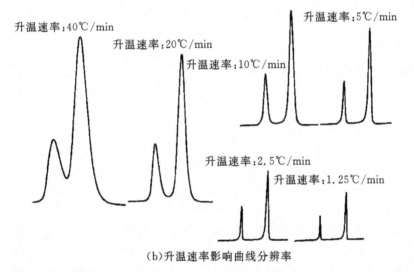

（b）升温速率影响曲线分辨率

图 4.13　随升温速率变化的 DSC 曲线

颗粒均匀,必要时需过筛。装填时轻轻振动,使之铺成均匀的薄层,尽可能的减少试样用量,每次装填情况要尽量一致。此外,试样的结晶度、使用历史和研磨情况等对实验结果都会有影响,如图 4.15 所示。

（5）样品锅对 DSC(DTA)测试结果的影响

热分析用的坩埚多种多样,大小不同,如 $20\mu l$、$30\mu l$、$40\mu l$、$70\mu l$、$150\mu l$、$300\mu l$、

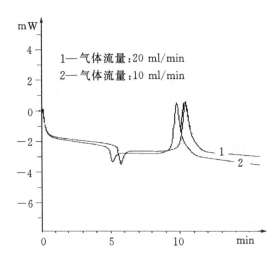

图 4.14　不同气体流量下材料的 DSC 曲线

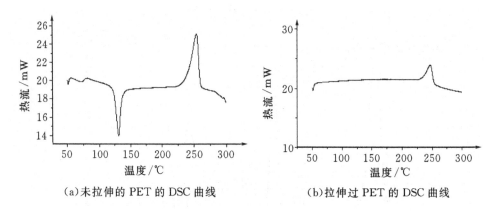

（a）未拉伸的 PET 的 DSC 曲线　　　（b）拉伸过 PET 的 DSC 曲线

图 4.15　材料形状的影响

$700\mu l$、$900\mu l$、$1000\mu l$ 等。材质也不同,如玻璃埚、石英埚、铝埚、三氧化二铝陶瓷坩埚、铸铁埚、黄铜埚、白银埚、铂金埚等等,埚的选用要根据热分析试样的材质性能和试样用量的多少进行,选用原则是能用小埚时不用大埚,选用的坩埚要求对试样、中间产物、最终产物和气氛都是惰性的,即不能有反应活性,也不能有催化活性。如碳酸钠的分解温度在石英或陶瓷坩埚中比在白金坩埚中低,这是因为碳酸钠会与石英、陶瓷坩埚中的 $SiO_2$ 在 $500\,^{\circ}\!C$ 左右反应生成硅酸钠的缘故。所以作碳酸钠一类碱性试样的热分析,不要选用铝、石英、玻璃、陶瓷坩埚。白金对许多有机物有加氢或脱氢活性反应,应该密切注意。好处是有机物热分析温度都不太高,一般用铝坩埚就完全可以了。另外重要的一点是坩埚使用的历史也很重要,上次遗留的残余物有可能与试样起作用,或本身在高温时会变化和失重,都会造成热分析曲线的混乱,产生误差使实验不能重现。总之,坩埚的大小、重量和几何形状对热分析都会产生影响。如图 4.16 所示,做 DSC 测试时,样品埚重量和参比物埚重量有差别时的三种曲线结果。

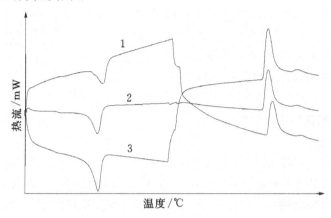

1—样品埚比参比埚重量轻;2—样品埚和参比埚重量一样;3—样品埚比参比埚重量重

图 4.16　参比埚重量不同对 DSC 曲线的影响

# 4.3　TGA/SDTA851 型热重分析仪

**1. 热重分析法**

热重分析法(TGA)是在程序控制温度下,测量物质的重量(质量)与温度关系的一种技术。数学表达式为:

$$W = f(T) \text{ 或 } W = f(t) \tag{4.11}$$

式中　$W$——物质重量(质量),g;

　　　$T$——温度,℃;

　　　$t$——时间,h。

记录的曲线称为热重曲线或 TG 曲线。

由于物质在加热过程中,会发生脱水、氧化、分解等现象而引起重量的变化,记录重量随温度变化的关系曲线,就称为热重分析曲线。

**2. 仪器工作原理**

热重分析仪的基本结构由高精密电子天平系统、自动控制加热炉系统、测试与控制系统、计算机程控记录系统四部分组成。如图 4.17 所示:加热炉由自动控制加热炉系统的温控加热单元按给定速度升温,并由测试与控制系统把测试的温度输入给记录系统记录温度,炉中试样质量变化可由天平记录当试样受热发生重量变化时,天平会失去原有的平衡,利用天平不平衡量能够得到差分平衡讯号,促使天平又维持平衡,记录与重量变化成正比的维持天平平衡的讯号变化,就得到了试样重量的变化。同时记录重量随温度变化的关系就得到热重曲线。曲线的纵坐标为质量 mg 或剩余百分数% 表示;横坐标为时间 $t$ 或温度 $T$,单位:h/℃。

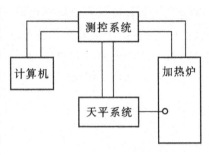

图 4.17　TGA 原理

### 3. 仪器配置和性能参数

(1)仪器配置

一台 AG135 的电子天平,Max31g/101g, $d = 0.01mg/0.1mg$;一台 DC - 85MT 低温恒温槽,一台 DJW - WB - 10KVA 电力稳压源,另外有两个 150 个大气压的钢瓶与减压阀,10-100 流量计两个,仪器测试试样时用普通氮气作为动态平衡气体。

(2)性能指标

TGA/SDTA851 性能指标如表 4.2 所示。

表 4.2　TGA/SDTA851 性能指标

| 温度范围 | 25～1600℃ | 样品测量范围 | 0～1000mg |
|---|---|---|---|
| 温度准确度 | ±0.25℃ | 灵敏度 | 0.1μg |
| 温度重复性 | ±0.15℃ | 样品最大容量 | 100μl |
| 升温速率(室温－最高) | 10 分钟(LF1600) | 分辨率 | 0.005℃ |
| 冷却速率 | 25 分钟(LF1600) | 量热准确度 | ±5% |
| 冷却方式 | 恒温水浴 | 信号采集速率 | 最大 10 个值/s |

### 4. 仪器操作步骤

(1)准备

①根据试样测试的需要,购买和准备好测试气体和普通氮气;

②选用三氧化二铝陶瓷坩埚,用 AG135 的电子天平称量坩埚重量;

③试样放入坩埚内进行称量,并读取试样重量,一般试样用量 2～5mg 为好;

④根据试样选择坩埚可盖盖,也可不盖盖;

⑤将装有试样的坩埚放好待用;

⑥检查仪器电源、接线等正确无误;

⑦检查恒温水槽、普通氮气、测试选用的气体三者到仪器的连接完好无误;

⑧检查氮气与测试气体量符合要求,保证恒温水槽装满纯净水,符合测试要求。

（2）测试操作

①按顺序打开总电源开关、稳压电源开关、恒温水浴槽的电源、制冷、循环三个开关,等待恒温水浴槽的温度达到22℃；

②恒温水浴温度达到22℃后,打开氮气阀门,调好气体流量；

③打开热分析仪主机电源,等待主机自检和校准完成；

④打开计算机电源,在INGRESS下,输入用户名；

⑤双击STAR<sup>e</sup>图标进入操作系统,输入软件名和密码。

（3）软件操作（与DSC822<sup>e</sup>仪器相同）

①在软件的方法界面,先选择TGA仪器,选择70μl三氧化二铝陶瓷坩埚,选择温度,再键入试验程序和气体类型和流量,检查一切正确无误,命名并保存实验方法；

②在软件实验界面里,键入样品名称、重量,选中TGA081023,发送试验程序；

③按照操作实验界面左下方的提示要求进行操作,在放样前,先进行清零,打开仪器炉门,放好样品坩埚在放样盘上,并关闭炉门；

④点击OK,仪器进入试验阶段；

⑤实时观察试验进行情况,等待测试试验完成；

⑥在显示温度小于200℃后,根据操作界面左下方提示取出样品坩埚,点击OK；

⑦用图形编辑和数据处理软件,对图形进行优化和编辑处理及保存试验结果等；

⑧打开打印机,并选择好状态,进行图形数据输出；

⑨全部完成后退出软件操作系统；

（4）注意事项

在实验温度1000℃或超过时,需要给样品坩埚的下边垫放蓝宝石,请实验者与仪器设备管理人员联系；

试样重量一般5mg左右,在放置和取出样品坩埚时,要小心仔细。

**5. TG曲线的处理和分析**

（1）热分解开始温度和结束温度

国际热分析和量热协会ICTAC规定,热分解开始温度昰试样重量损失了10%时的温度,热分解结束温度是试样重量损失了90%时的温度,如图4.18所示。TG曲线分为三段区:①试样的重量稳定区；②试样的热失重区；③试样热失重完成（剩余）区,热分解开始温度339.36℃,外延开始温度447.76℃,热分解结束

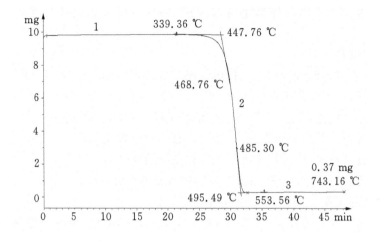

图 4.18　电缆塑料护套 TG 曲线

温度 512.78℃,外延结束温度 495.49℃,热分解完成温度 743.16℃,试样热分解残余量 0.30mg。

若试样初始重量为 $W_0$,失重后试样重量为 $W_1$,则试样的失重百分数为$(W_0-W_1)/W_0\times100\%$。

（2）微分曲线（DTG）表示和意义

重量的变化率与温度或时间的函数关系,如图 4.19 所示,是 TG 曲线对温度或时间的一阶导数。DTG 曲线是一个热失重速率的峰形曲线,能精确反映样品的起始反应温度,达到最大反应速率的温度（峰值）,反应终止温度。利用 DTG 的峰面积与样品对应的重量变化成正比,可精确的进行定量分析,如图 4.20 所示,分解速度最快即重量损失最大的温度 478.57℃。

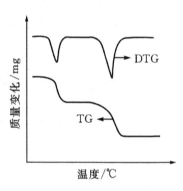

**6. TG 应用**

（1）评定高分子材料的热稳定性

①简单的相同条件比较法

在实验条件完全相同的情况下进行实验,多条曲线的热稳定性一目了然,如图 4.21 所示。如一种材料加入一系列热稳定剂后,哪个效果好,加入量多少的选择,都可用这种方法比较确定。这种方法准确可靠,目前常被采用。

②关键温度表示法

人们常习惯用一个特征温度来说明材料的热稳定性,找出起始分解温度,起始

图 4.19　TG 与 DTG 曲线

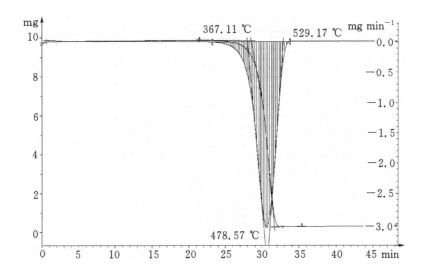

图 4.20　电缆塑料护套 TG 曲线

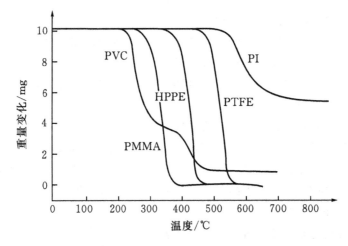

图 4.21　聚合物的相对热稳定性

分解温度越高,热稳定性越好。

（2）分析材料组分和含量

如图 4.22 所示,用等速升温法测量玻璃钢玻璃纤维的含量,结果表明水分含量 2%,同时树脂含量为 80%,玻璃纤维含量为 18%。

（3）研究聚合物固化和添加剂的作用

静态热重分析,适用于固化过程中失去低分子物的缩聚反应。利用酚醛树脂

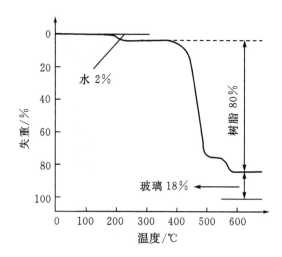

图 4.22　玻璃纤维含量计算

固化过程中生成水,测定脱水失重量最多的固化温度,其固化程度最佳。

(4)研究聚合物的降解反应动力学

降解反应动力学是研究材料降解的速度随时间、温度的变化关系,最终求出活化能、反应级数并对该反应机理进行解释。

活化能是材料发生分解所需的临界能量,活化能越高,材料的热稳定性越好。

**7. 影响 TG 曲线的诸因素**

(1)升温速率对 TG 曲线测定的影响

影响 TG 曲线测定的因素同样包括:实验者的操作影响、仪器影响 、实验条件和方法、参数的选择、试样的影响等因素。但升温速率是对 TG 曲线测定影响最大的因素。升温速率越大,产生的温度滞后就会越严重,开始分解温度及终止分解温度都越高。如图 4.23 所示。

(2)气氛和气流对 TG 曲线测定的影响

在静态或动态气氛下测试时,对 TG 曲线的影响是非常显著的。在静态气氛下,可逆的分解反应,随着温度升高,分解速率增大;由于试样周围的气体浓度增大,又会使分解速率下降。如果采用的气氛含有与试样分解产生的气体相同,影响将更加严重。动态气氛下试样周围的气体是以稳定流速流动的,流速大小、气体性质(氧化性或还原性)、反应类型(可逆或不可逆)等对 TG 曲线都有影响。由于静态气氛不易控制,为了获得正确和重复性好的实验结果,大多采用动态气氛。此外,有些试样,由于气氛的不同,会严重影响试样的 TG 曲线结果,如图 4.24 所示,气体的流速不同,产生的气流浮力也不同会影响热重曲线的变化,因此,选择合适

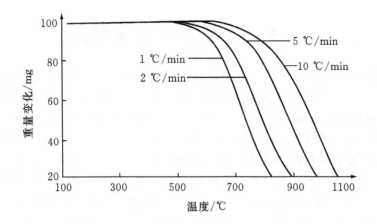

图 4.23　绝缘材料的热重测试结果

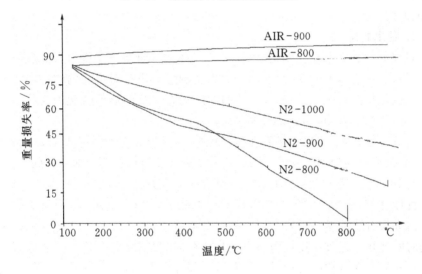

图 4.24　不同气氛下钛酸锶的 TG 曲线

的气氛和通入气氛的流速对于 TG 分析是很重要的。

　　(3)试样量和粒度对 TG 测试结果的的影响

　　试样用量的多少,主要影响热传导(温度梯度)和挥发性产物的扩散(逸出气体),从而影响 TG 曲线的形状。所以试样用量在热天平灵敏度范围之内,量少为好。有时为了通过大量试样来提高 TG 灵敏度或扩大试样差别,也有多用试样的情况。

　　试样粒度对 TG 曲线的影响与用量的影响相似,粒度越小,反应面积越大,反应更易进行,反应也越快,所以应尽量用小颗粒的试样。

# 4.4　动态力学基本理论

　　热分析技术是利用仪器进行测量和分析物质的一些特性与温度或时间关系的一种技术。动态热机械分析 DMA(dynamic mechanical analysis)是在程序控制温度下,测量物质在振动负荷下产生形变的动态模量、力学损耗与温度关系的技术。通常称为动态力学,属热分析技术类,是动态机械分析技术的一种。热分析技术是测定高分子聚合物材料的玻璃化转变、结晶、取向、交联、相分离等结构变化以及与分子运动状态变化的相关关系的简便方法,是评价材料的耐热性、耐寒性、相容性、减震阻尼效率及加工工艺、老化性能、高分子的聚集态结构、粘弹性等的一种方便有效的手段。对于研究高分子材料科学与材料工程方面有重要意义,广泛应用于热塑性与热固性塑料、橡胶、纤维、涂料、金属与合金、无机材料、陶瓷、复合材料等各种领域。

## 1. 基本概念

　　材料的动态力学行为是指材料在振动条件下,即在交变应力(或交变应变,如正弦、恒定、一定速率的步阶)作用下的力学响应。样品对形变的响应以温度或时间的函数被检测出来,在一定温度范围内的动态力学性能的变化即为动态热机械分析(DMTA,dynamic mechanical thermal analysis)。

　　高分子聚合物(高聚物或聚合物)的粘弹性是指聚合物既有粘性又有弹性的性质,实质是聚合物的力学松弛行为。高分子聚合物可以表现出非常宽的力学行为,影响高分子聚合物力学强度的因素主要有两个方面:一是高分子的化学组成,决定力学性能在何处发生变化;二是高分子的物理分子结构,决定力学性能如何发生变化。研究聚合物的粘弹性常采用正弦的交变应力,使试样产生的应变也以正弦方式随时间变化。这种周期性的外力引起试样周期性的形变,其中一部分所做功以位能形式贮存在试样中,没有损耗,而另一部分所做功,在形变时以热的形式消耗掉,应变始终滞后应力一个相位。所有材料受到力的作用后都会在形状或体积上发生变化。

　　高分子聚合物的力学性质随时间的变化称为力学松弛,根据高分子材料受到外部作用情况的不同,可以观察到不同类型的力学松弛现象,最基本的有蠕变、应力松弛、滞后和力学损耗等。蠕变、应力松弛属于静态粘弹性现象,滞后和力学损耗属于动态粘弹性现象;高分子聚合物的松弛过程直接影响高分子聚合物材料尺寸稳定性;但高分子聚合物材料成型加工过程中也需要通过一定的松弛过程将各种应力松弛掉,防止应力集中影响其使用。

　　理想的弹性体,是当受到外力时,平衡形变瞬间达到,与时间无关;理想的粘性体,是当受到外力时,形变线性发展。高分子聚合物的形变发展具有时间依赖性,这种性质介于理想弹性体和理想粘性体之间,称为粘弹性。粘弹性是高分子聚合物材料的一个重要的特性。

蠕变是在一定温度和较小的恒定应力(拉力、压力或扭力等)作用下,聚合物形变随时间逐渐增大的现象。

应力松弛是在固定的温度和形变下,聚合物内部的应力随时间增加逐渐减弱的现象。

粘性是在应力作用下产生流动的能力;弹性是在应力作用后恢复原状的能力;粘弹性是指物质同时具有粘性和弹性的能力。

应力代表单位面积上承受的力,应力=力/面积,应变代表受力后几何形状的改变,应变=受力后的变化量/受力前的原始量,应变或剪切速率=速率梯度;粘度=应力/应变速率;刚度($K$):$K$=样品上施加的力/变形的振幅;柔量=应变/应力,应力($\sigma$)与应变($\varepsilon$)关系曲线的斜率为材料的模量。模量($M$)=应力/应变=刚度×几何因子,柔量是模量的倒数。

所谓滞后,是在交变应力的作用下,应变随时间的变化落后于应力随时间的变化的现象。即:应变总是落后于应力的变化,从分子机理上是由于链段在运动时受到内摩擦的作用,当外力变化时,链段的运动跟不上外力的变化,当应力的变化和形变的变化相一致时,没有滞后现象,每次形变所做的功等于恢复原状时所取得的功,没有功的消耗。当存在滞后现象时,每一次拉伸一回缩循环中就要消耗功,消耗的功转为热量被释放,称为力学损耗,有时也称为内耗。滞后是产生内耗的根本原因。内耗在 20 世纪 70 年代才引起人们的注意,常用损耗角正切($\tan\delta$)来表示内耗的大小,通常称为损耗因子或内摩擦或阻尼。损耗因子与在一个完整周期应力作用下所消耗的能量与所储存的最大位能之比成正比。用途不一样对材料的内耗要求也不同,如:橡胶作为轮胎使用时,要求内耗越小越好;而作为减震吸音使用时,要求内耗较大为好。

**2. 基本理论**

材料的模量有三种类型:杨氏模量、剪切模量、体积模量,如图 4.25 所示。

杨氏模量(弹性模量)$M$,$M=\sigma/\varepsilon$,$\sigma$ 为单轴拉伸或压缩应力,$\varepsilon$ 为正向应变;

剪切模量(刚性模量)$G$,$G=\dfrac{\tau}{\gamma}$,$\tau$ 为剪切应力,$\gamma$ 为剪切应变;

体积模量 $B$,$B=\sigma_{hyd}/(\Delta V/V_0)$,$\sigma_{hyd}$ 为静态拉伸或压缩应力,$\Delta V/V_0$ 为体积膨胀或收缩分数。

应力($\sigma$)与应变($\varepsilon$)关系曲线的斜率为材料的模量。对拉伸或弯曲试验,为杨氏模量($M$);对剪切试验,为剪切模量($G$)。

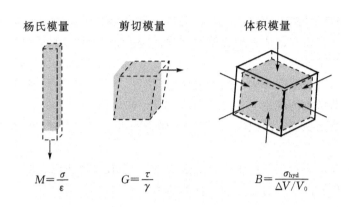

$$M=\frac{\sigma}{\varepsilon} \qquad G=\frac{\tau}{\gamma} \qquad B=\frac{\sigma_{\mathrm{hyd}}}{\Delta V/V_0}$$

图 4.25　三种类型模量的弹性常数

模量是测量材料在外力作用下抵抗变形的能力。动态损耗角正切（tanδ）为耗能模量与储能模量之比，即

$$\tan\delta = M''/M' \qquad\qquad (4.12)$$

式中　$M'$——储能模量，表示材料弹性大小，Mpa；

　　　$M''$——耗能模量，表示材料粘性大小，Mpa。

储能模量与试样在每周期中贮存的最大弹性成正比，反映材料粘弹性中的弹性成分，表征材料的刚度；损耗模量与试样在每周期中以热的形式消耗的能量成正比，反映材料粘弹性中的粘性成分，表征材料的阻尼。材料的阻尼也称力学内耗（damping of materials）用 tanδ 表示，等于材料的损耗模量 $M''$ 与储能模量 $M'$ 之比。动态力学分析仪器可以直接测出 tanδ、损耗模量 $M''$ 与储能模量 $M'$ 随温度、频率或时间变化的曲线。

在试样受到正弦交变的应力作用下，由于聚合物材料链段运动时受内摩擦力的影响，材料产生的应变在时间上落后于应力的变化，在相位上落后一个相角 δ，其交变应力和应变随时间的变化关系如下：

$$\sigma = \sigma_0 \sin(\omega t + \delta) \qquad (0° < \delta < 90°) \qquad (4.13)$$

$$\varepsilon = \varepsilon_0 \sin(\omega t) \qquad\qquad (4.14)$$

式中　$\sigma_0$、$\varepsilon_0$——应力和形变的振幅，N/m$^2$；

　　　$\omega$——角频率，rad/s；

　　　$\delta$——应变相位角，(°)。

式（4.13）和式（4.14）说明应力变化要比应变领先一个相位差 δ，如图 4.26 所示。

由于高分子聚合物分子运动有分子运动单元的多重性、分子运动的松弛特性、分子运动的温度依赖性这三个特点，特别适合用动态力学进行性能分析研究。例

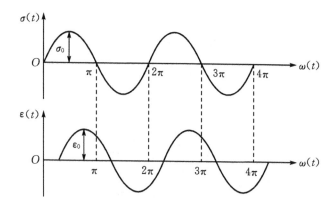

图 4.26　应力应变和时间的关系

如：可进行热转变(低能量相转变、凝固、玻璃化转变粘弹性、老化过程、结晶、固化过程等的研究)；动态模量、损耗模量、力学损耗、软化点及金属与复合材料刚性的测定；阻尼材料或噪声抑制材料的性能研究等。

　　研究材料的动态力学性能就是要精确测量各种因素(包括材料本身的结构参数及外界条件)对动态模量及损耗因子的影响。

　　聚合物的性质与温度有关,与施加于材料上外力作用的时间有关,还与外力作用的频率有关。当聚合物作为结构材料使用时,主要利用它的弹性、强度,要求在使用温度范围内有较大的贮能模量。聚合物作为减震或隔音材料使用时,则主要利用它们的粘性,要求在一定的频率范围内有较高的阻尼。当作为轮胎使用时,除应有弹性外,同时内耗不能过高,以防止生热脱层爆破,但是也需要一定的内耗,以增加轮胎与地面的摩擦力。为了了解聚合物的动态力学性能,有必要在宽广的温度范围对聚合物进行性能测定,简称温度谱。在宽广的频率范围内对聚合物进行测定,简称频率谱。在宽广的时间范围内对聚合物进行测定,简称时间谱。

　　温度谱,采用的是温度扫描模式,是指在固定频率下测定动态模量及损耗随温度的变化,用以评价材料的力学性能的温度依赖性。通过温度谱可得聚合物的一系列特征温度,这些特征温度除了在研究高分子结构与性能的关系中具有理论意义外,还具有重要的实用价值。模量和损耗因子随温度的变化曲线如图4.27所示。

　　频率谱采用频率扫描模式,是指在恒温、恒应力下,测量动态力学参数随频率的变化,用于研究材料力学性能的频率依赖性。从频率谱可获得各级转变的特征频率,各特征频率取倒数,即得到转变的特征松弛时间。利用时温等效原理还可以将不同温度下有限频率范围的频率谱组合成跨越几个甚至十几个数量级的频率主

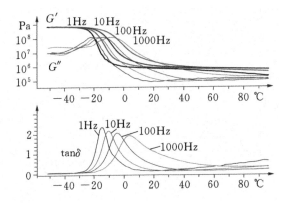

图 4.27　模量和损耗因子随温度变化曲线

曲线,从而评价材料的超瞬间或超长时间的使用性能。

　　频率谱,采用的是频率扫描模式,是指在恒温、恒频率下测定材料的动态力学参数随时间的变化,主要用于研究动态力学性能的时间依赖性。例如用来研究树脂-固化剂体系的等温固化反应动力学,可得到固化反应动力学参数凝胶时间、固化反应活化能等。

　　**3. 影响因素**

　　动态模量和动态力学损耗因子是动态力学的重要参数,其关系如下:

$$M' = |M^*|\cos\delta \qquad M'' = |M^*|\sin\delta \qquad \tan\delta = \frac{M''}{M'} \qquad (4.15)$$

　　对于完全的弹性材料,无相位差,$\delta=0$;对于完全的粘性材料,$\delta=90$。一般的材料,$\tan\delta$ 的值介于 0 到 $\infty$ 之间,$\tan\delta$ 的值越大表示材料粘性越大,越小则表示材料的弹性越好。这是由于当损耗因子 $\tan\delta$ 值越大时,外界对材料做的功则大部分转化为能耗模量,使得材料的温度升高,导致材料内部破坏,加速材料的老化和分解。一般来说,影响材料蠕变和应力松弛的主要因素有两个方面:一是材料本身的结构(内因):一切增加分子间作用力的因素都有利于减少蠕变和应力松弛,如增加相对分子质量、交联、结晶、取向、引入刚性基团、添加填料等。二是温度或外力(外因):温度低(或外力小),蠕变慢和应力松弛小,短时间内观察不到;温度高(或外力大),应力会很快松弛掉。

　　(1)内耗的影响

　　① 结构(内因):侧基数目越多,侧基越大,则内耗越大。

　　② 温度和外力作用频率(外因),在玻璃化转变区内耗最为明显。

　　在同一温度下改变频率,或在同一频率下改变温度。$\tan\delta$ 可能出现峰值,称为力学损耗峰或内耗峰。这些内耗峰的位置和形状与聚合物中各种尺寸的运动单元的运动有密切关系。由于这些运动单元各有自己的松弛时间,受外力作用时,各运动单元的响应也就不同。当外力作用的时间与其运动单元的松弛时间接近时,此时分子运动的弹性能转变为分子运动的热能而消耗,因而出现内耗峰。所以内耗峰的位置和形状具有"指纹"特征,可以用来表征聚合物分子运动。因而用动态力学方法得到的动态力学频率谱或温度谱研究各种形式的聚合物分子运动具有重要的实际与理论价值。

（2）试验的影响

①样品;

②变形模式;

③刚度（样品或夹具尺寸）;

④夹具类型（样品形状）;

⑤力的大小与振幅、频率、加热速率/温度程序等。

# 4.5　DMA－861 型动态力学分析仪

## 1. 测试模式和夹具

DMA/SDTA861$^{e}$型动态力学分析仪,用来测定在周期振动力下,材料随时间、温度或频率变化而变化的力学性能和粘弹性能。生成储能模量、能耗模量以及损耗因子 tanδ 随温度或频率、时间的变化曲线。该仪器的主要运用对象是热塑性塑料、热固性材料、复合材料、弹性体、陶瓷、金属和其它粘弹性材料以及纤维、薄膜等。其测量模式多样,主要包括三点弯曲、双悬臂、单悬臂、剪切和拉伸。各种模式原理如图 4.28 所示,各种夹具如图 4.29 所示。

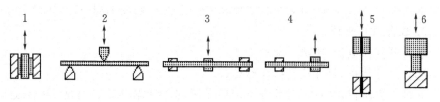

图 4.28　各种方式原理图

## 2. 性能参数

（1）仪器性能参数

①温度范围:－150～＋500℃。

②升温速率:0.1～20℃/min。

(a)三点弯曲　　　　　(b)单悬臂　　　　(c)剪切　　　　(d)拉伸

图 4.29　常用夹具

③应力范围:0.005～18N。

④位移范围:±1.6mm(0～50000 $\mu$m)。

⑤频率范围:0.01～200Hz。

⑥tan$\delta$ 范围:0.0001～100.0。

(2)夹具与样品尺寸

①三点弯曲:长度:30～90mm,宽度:<15mm,厚度:<5mm。

②双悬臂:长度:30～90mm,宽度:<15mm,厚度:<5mm。

③单悬臂:长度:20～80mm,宽度:<15mm,厚度:<5mm。

④剪切:直径:<15mm,厚度:<6.5mm,在弯曲下,硬度范围:10～$10^6$N/m。

⑤拉伸:长度:19.5(10.5,5.5)mm,宽度:<7mm,厚度:<3mm 在剪切下硬度范围:10～$10^8$N/m。

⑥压缩:直径:<20mm,厚度:<9mm,在拉伸下,硬度范围:10～$10^7$N/m。

**3. 仪器操作规程**

①打开仪器电源,预热仪器;

②打开计算机,打开仪器操作软件;

③进入方法窗口,打开实验方法选择界面,选择和输入实验方法,包括:选择样品夹具,选择测试方式,实验的升温程序和温度起始点的选择,选择频率变化程序,选择加力大小变化方法,位移变化大小的选择,在实验方法界面上将需要的各种参数选择并输入好;

④将已经选择好各种参数的实验方法进行取名储存,关闭方法窗口;

⑤打开并进入实验窗口,打开已经选择好取名储存的实验方法;

⑥在已经调出的实验方法界面,填入样品名称,点击选择方形或圆形;

⑦填入样品尺寸,包括:长、宽、高或直径,选中所用仪器编号,点击发送实验方法;

⑧打开仪器的炉膛,用已经选择好的夹具把样品安装到仪器的样品架上,安装时注意用限力板子和限力起子,上力不超过限力规定;

⑨关闭仪器炉膛,进入仪器实时运行界面,观察仪器运行状态,点击 OK;

⑩仪器进行实验;

⑪实验完成后,取出样品;

⑫打开软件评价窗口,点击实验名,打开实验结果曲线,进行数据和图谱的处理、储存、U 盘杀毒、拷贝,完成实验;

⑬退出软件系统,关闭计算机,关闭仪器电源。

**思考题**

①试述 DSC、TGA、DMA 的基本概念与测试原理。

②影响 DSC、TGA、DMA 测试结果的因素有哪些?

③测试温度、升温速度、样品质量分别对 DSC、TGA 测试曲线如何影响?

④DSC、TGA 测试的坩埚选择需要注意些什么? 影响如何?

⑤选择气体以及氮气、液氮在 DSC、TGA 测试中的影响与作用?

⑥弹性模量、损耗模量、机械损耗因数的基本概念?

⑦DMA 测试夹具有几种选择方式? 样品尺寸? 需要注意些什么?

⑧应力、位移、频率、温度及升温速率对测试结果的影响?

# 第5章　导热系数测量技术

## 5.1　概　述

随着大功率电气和电子产品的快速发展,出现了越来越多的发热问题,产生的热量会使得仪器设备寿命缩短并能造成多种事故等问题。如大型高压发电机、电动机运行过程中的发热、传热问题直接影响到其工作效率和可靠性。作为电机结构的最关键材料——绝缘材料,不仅要求具有优良的电性能和力学性能,而且也要求很高的热稳定性和导热性能。因此,新型散热绝缘结构和高导热绝缘材料已成为现代电机技术的重点研究内容之一,而导热系数和散热系数是表征材料热传导的基本参数。

**1. 基本概念与定义**

在自然界中任何地方均存在有温度差,热量自发地从高温物体向低温物体传递,这已成为自然界和生产技术中一种普遍现象。例如,将一根金属棒的一端伸入火炉中,则金属棒的另一端很快会发热而不能手握。传热的基本形式只有三种,即对流传热、辐射传热、热传导。

(1)热对流定义:热对流指流体(液体、气体)中温度不同的各部分物质在空间发生宏观相对运动(冷热流体相互掺混)引起的热量传递现象。热对流仅发生在流体中,通常不能以独立的方式传递热量,它必然伴随着热传导。

对流换热:流体流过一个物体表面时由于与表面间存在温差时的热量传递过程。对流换热是流体的宏观热运动(热对流)与流体的微观热运动(导热)联合作用的结果。对流换热根据引起流动的原因分为自然对流(如暖气片表面附近受热空气的向上流动)和强制对流(如流体的流动是由于水泵、风机或其他压差作用所造成的)。

(2)热辐射定义:物体通过电磁波来传递能量的方式称为辐射。因热的原因而发出辐射能的现象称为热辐射。物体的温度越高,辐射能力越强。热辐射的特点与导热及对流有着显著的不同。导热、对流两种热量传递方式,只在有物质存在的条件下,才能实现,而热辐射不需中间介质,可以在真空中传递,而且在真空中辐射能的传递最有效。

辐射换热:辐射与吸收过程的综合作用造成了以辐射方式进行的物体间的热

量传递称辐射换热。辐射换热是一个动态过程,当物体与周围环境温度处于热平衡时,辐射换热量为零,但辐射与吸收过程仍在不停的进行,只是辐射热与吸收热相等。

(3)热传导(导热)定义:两个互相接触的物体或同一个物体的各个部分之间存在温度差但不存在相对运动的传热现象称导热,导热可发生在气体、液体和固体中。

导热的基本规律(傅里叶定律):一维导热问题,两个表面均维持均匀温度的平板导热。根据傅里叶定律,对于 $x$ 方向上任意一个厚度为 $\mathrm{d}x$ 的微元层,单位时间内通过该层的导热量与当地的温度变化率及平板面积 $A$ 成正比,即

$$\Phi = -\lambda A \frac{\Delta T}{\Delta X} = -\lambda A \frac{\mathrm{d}t}{\mathrm{d}x} \tag{5.1}$$

式中　$\lambda$——导热率或称导热系数,其数值反映了导热能力的大小,W/m·K;

　　　$\Phi$——热流量,单位时间内通过某一给定面积的热量,W;

　　　$A$——热流量通过导热平板的面积,m²;

负号表示热量传递的方向同温度升高的方向相反。

(4)热流密度:单位时间内通过单位面积的热量称为热流密度,用 $q$ 表示,单位 W/m²。热流密度的表达式为

$$q = \frac{\Phi}{A} = \lambda \frac{\mathrm{d}t}{\mathrm{d}x} \tag{5.2}$$

导热系数 $\lambda$ 表征材料导热性能优劣的参数,是材料的本征参数,不同材料的导热系数值不同,即使同一种材料导热系数值与温度等因素有关。金属材料最高,良导电体,也是良导热体,液体次之,气体最小,一般情况下,绝缘材料的导热系数也很小。

热传导简称导热,是指介质内存在温度梯度时所进行的能量传递,其物理机理就是原子或分子的随机运动,物体中温度较高的部分因分子碰撞(气体)、分子振动(液、固体)、自由电子运动(金属)而将能量的一部分传给相邻分子,使热量从物体温度高处传向低处的过程。导热过程物体分子间不发生相对位移,热传导是物质的一种固有属性。

导热系数是指在稳定传热条件下,1m 厚的材料,两侧表面的温差为 1 度(K 或℃),在 1 秒内,通过 1 平方米面积传递的热量,用 $\lambda$ 表示,单位为瓦/米·度,W/m·K(W/m·K,此处的 K 可用℃代替)。

**2. 影响导热系数的因素**

影响导热系数的因素主要有:物质的种类和组成、物质的内部结构和物理状态、湿度、温度、压强等。

(1)材料类型

材料类型不同,物质构成不同,导热系数不同。一般情况是固体的导热系数最大(保温材料除外),液体(不包括液态金属)次之,而绝热材料和气体最小。

(2)温度

温度对各类材料导热系数均有直接影响,温度提高,材料导热系数上升。因为温度升高时,材料固体分子的热运动增强,同时材料孔隙中空气的导热和孔壁间的辐射作用也有所增加。但这种影响,在温度为 0~50℃范围内并不显著,只有对处于高温或零度下的材料,才要考虑温度的影响。

(3)含湿率

绝大多数的保温绝热材料都具有多孔结构,容易吸湿。材料吸湿受潮后,其导热系数增大。当含湿率大于 5%~10%时,导热系数的增大在多孔材料中表现得最为明显。

(4)气隙

在孔隙率相同的条件下,孔隙尺寸越大,导热系数越大,互相连通型的孔隙比封闭型孔隙的导热系数高,封闭孔隙率越高,则导热系数越低。

(5)颗粒粒度

常温时,松散颗粒型材料的导热系数随着材料粒度的减小而降低。粒度大时,颗粒之间的空隙尺寸增大,其间空气的导热系数必然增大。此外,粒度越小,其导热系数受温度变化的影响越小。

**3. 导热系数的测试方法简介**

材料的导热系数测试方法众多,大体可分为稳态法与瞬态法两大类。稳态法的特点是试件内的温度分布不随时间而变化的稳态温度场,当试样达到热平衡后,借助测量试样单位面积的热流速率和温度梯度,就可以直接测定试件的导热系数。非稳态法的特点是试件内的温度分布是随着时间而变化的非稳态温度场,借助测量试件的温度变化速率,测定试件的热扩散系数,再根据试件的其他参数计算得到试件的导热系数。

导热系数测试方法都有其自身的优点、局限性、应用范围和方法本身所带来的不准确性。因此,不能笼统地对测试方法的优劣进行评判,而应视具体情况而定。基于傅里叶导热定律描述的稳态条件进行测量的方法主要适用于在中等温度下测量中低导热系数的材料,这些方法包括:热板法、保护热板法、热流法、保护热流法、沸腾换热法等。而动态(瞬时)方法,如热线法、激光闪射法,主要用于测量高导热系数材料或在高温条件下测量。此外,还有一些测量方法或测量技巧,包括热脉冲法、准稳态测量法、恒功率平面热源法、瞬态平面热源法等。

# 5.2 闪光导热仪 LFA 原理及测量技术

闪光法所要求的样品尺寸较小,测量范围宽广,可测量除绝热材料以外的绝大部分材料,特别适合于中高导热系数材料的测量。除常规的固体片状材料测试外,通过使用合适的夹具或样品容器并选用合适的热学计算模型,还可测量诸如液体、粉末、纤维、薄膜、熔融金属、基体上的涂层、多层复合材料、各向异性材料等特殊样品的热传导性能。

**1. 热扩散系数**

(1)扩散现象

由于热或其他原因导致的原子运动,物质从系统的这一部分迁移至另一部分的现象,被称为扩散。如我们闻到的气味属于气体分子扩散,墨水融解到水中是液体分子的扩散。固体分子怎么扩散? 固体中的原子、离子分布不均、存在浓度梯度,就会产生使浓度趋于均匀的定向扩散。在固体中,由于不存在对流,扩散就成为物质传输的惟一方式。

(2)热扩散系数

扩散开始于较高温度,菲克认为:扩散过程与热传导过程相似。菲克建立了导热方程,获得了描述物质从高浓度区向低浓度区迁移的定量公式。扩散过程中,单位时间内通过单位截面的扩散流量密度(或质点数)$J$ 与扩散质点的浓度梯度成正比。

$$J = -\alpha \frac{\partial C}{\partial X} \tag{5.3}$$

式中    $J$——扩散通量,$g/(cm^2 \cdot s)$或 $mol/(cm^2 \cdot s)$ ;

   $\alpha$——扩散系数,$(m^2/s$ 或 $cm^2/s)$;

负号表示粒子从浓度高处向浓度低处扩散(逆浓度梯度方向)。

菲克第一定律适用于稳定扩散问题,扩散质点浓度分布不随时间变化,即 $\partial C/\partial X$ 不随时间 $t$ 变化,不仅适用于扩散系统的任何位置,而且适用于扩散过程的任一时刻。

(3)热扩散系数与导热系数的关系

导热系数(热导率)与热扩散系数的关系如下:

$$\alpha = \frac{\lambda}{\rho C} \tag{5.4}$$

式中    $\alpha$——热扩散率或热扩散系数;

   $\lambda$——导热系数;

$\rho$——密度,单位 kg/m³;

$C$——热容,单位 J/(kg·K)。

热扩散率 $\alpha$ 越大,表示物体内部温度扯平的能力越大,因而有热扩散率的名称。这种物理上的意义还可以从另一个角度来加以说明,即从温度的角度看,$\alpha$ 越大,材料中温度变化传播的越迅速,可见 $\alpha$ 也是材料传播温度变化能力大小的指标,因而有导温系数之称。

热扩散系数 $\alpha$ 也是一个物性参数,表明了物质导热能力与其贮存热能能力的对比关系,因而反映了物质导热的动态特征。

**2. 闪光导热仪的测量原理**

闪光法直接测量的是材料的热扩散系数,然后通过公式 5.4 计算出导热系数,其基本原理如图 5.1 所示。

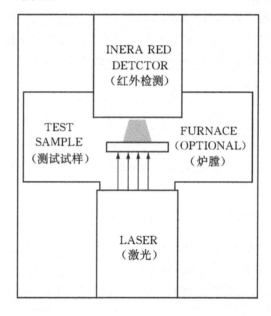

图 5.1　闪光法的基本原理框图

在一定的设定温度 $T$(由炉体控制的恒温条件)下,由激光源或闪光氙灯在瞬间发射一束光脉冲,均匀照射在样品下表面,使其表层吸收光能后温度瞬时升高,并作为热端将能量以一维热传导方式向冷端(上表面)传播。使用红外检测器连续测量样品上表面中心部位的相应温升过程,得到类似于图 5.2 的温度(检测器信号)随时间的变化关系曲线。

在理想情况下,光脉冲宽度接近于无限小,热量在样品内部的传导过程为理想

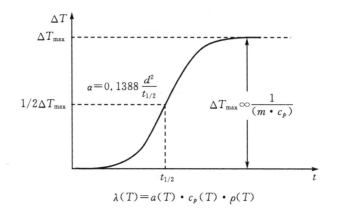

$$\lambda(T) = a(T) \cdot c_p(T) \cdot \rho(T)$$

图 5.2  温度随时间的变化关系曲线

的由下表面至上表面的一维传热、不存在横向热流,外部测量环境则为理想的绝热条件,不存在热损耗(此时样品上表面温度升高至图中的顶点后将保持恒定的水平线),则通过计量图中所示的半升温时间 $t_{50}$(定义为在接受光脉冲照射后样品上表面温度(检测器信号)升高到最大值的一半所需的时间,或称 $t_{1/2}$)和试样厚度计算出热扩散系数。

$$\alpha = 0.1388 \frac{d^2}{t_{1/2}} \tag{5.5}$$

式中 $d$ 为样品的厚度,通过公式(5.5)可得到样品在温度 $T$ 下的热扩散系数 $\alpha$。

对于实际测量过程中对理想条件的任何偏离(如边界热损耗、样品表面与径向的辐射散热、边界条件或非均匀照射导致的径向热流、样品透明/半透明而表面涂覆不够致密导致的部分光能量透射或深层吸收、$t_{50}$ 很短导致光脉冲宽度不可忽略等),需使用适当的数学模型进行计算修正。

根据公式(5.4),可得出在温度 $T$ 下,导热系数(热导率)的计算公式如下:

$$\lambda(T) = \alpha(T) \cdot C_P(T) \cdot \rho(T) \tag{5.6}$$

在已知温度 $T$ 下的热扩散系数 $\alpha$、比热 $C_p$ 与密度 $\rho$ 的情况下便可计算得到导热系数。其中密度一般在室温下测量,其随温度的变化可使用材料的线膨胀系数表进行修正(同时修正样品厚度随温度的变化),在测量温度不太高、样品尺寸变化不太大的情况下也可近似认为不变。比热可使用文献值、可使用差示扫描量热法(DSC)等其他方法测量,也可在闪光法仪器中使用比较法与热扩散系数同时测量得到。

对于比较法的原理简述如下。使用一个与样品截面形状相同、厚度相近、热物性相近、表面结构(光滑程度)相同且比热值已知的参比标样(以下简写为 std),与待测样品(以下简写为 sam)同时进行表面涂覆(确保与样品具有相同的光能吸收比与红外发射率),并依次进行测量,在理想的绝热条件下,得到的两条测试曲线如图 5.3 所示。

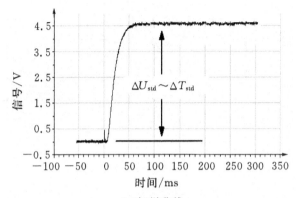

(a)标样曲线

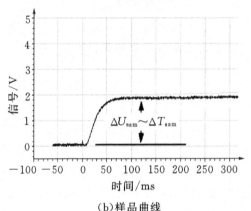

(b)样品曲线

图 5.3　标样与样品的试验曲线

此时根据比热定义:

$$C_p = \frac{Q}{\Delta T \times M} \tag{5.7}$$

式中　$Q$——样品吸收的能量,J;

　　　$\Delta T$——样品吸收能量后的温升,K;

　　　$M$——样品质量,kg。

则:

$$C_{psam}/C_{pstd} = \frac{Q_{sam}/(\Delta T_{sam} \times M_{sam})}{Q_{std}/(\Delta T_{std} \times M_{std})} \tag{5.8}$$

在光源照射量相同、样品与标样下表面吸收面积与吸收比相同的情况下,

$Q_{sam} = Q_{std}$；在环境温度一定、样品与标样上表面检测面积一致、红外发射比相同的情况下 $\Delta T$ 与 $\Delta U$ 的换算因子固定，可将上式中的 $\Delta T$ 用检测器信号差值 $\Delta U$ 代替，则(5.8)可转换为：

$$C_{psam} = C_{pstd} \times \frac{\Delta U_{std} \times M_{std}}{\Delta U_{sam} \times M_{sam}} \tag{5.9}$$

其中 $C_{pstd}$、$M_{std}$、$M_{sam}$ 均为已知，$\Delta U(\Delta T)$ 在理想绝热条件下为不随时间而变的确定值，可直接由图 5.3 的曲线水平段读到，则可以得到试样的比热 $C_{psam}$。

需要指出的是，一般实际的测试条件均偏离绝热条件，样品受照射后在升温过程中同时伴随着热损耗，由此非但 $\Delta T(\Delta U)$ 在达到最大值后不能保持水平稳定，即使是 $\Delta T \sim t$ 实测曲线上的最高点 $\Delta T_{meas}$ 亦与绝热条件下的 $\Delta T_{corr}$(Adiabatic)有一定偏差，如图 5.4 所示。

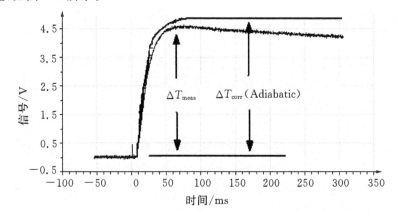

图 5.4　$\Delta T$ 修正曲线

因此在进行比热计算前，需对 $\Delta T_{meas}$ 进行热损耗修正，使用修正后的 $\Delta T_{corr}$ 进行比热计算(该修正在 Netzsch LFA Proteus 软件中，已包含在热扩散系数计算步骤中)。

另外，若对标样与样品测试所使用的光脉冲能量不同，需在上面的计算式的 $Q$ 一项中引入相应的比例系数；若信号放大倍数不同还须在 $\Delta U$ 一项中引入比例系数，此为具体技术细节，相应换算由软件自动完成，此处不再赘述。

**3. 样品导热系数的测量**

由公式(5.6)得知，要想得到试样的导热系数，首先测量试样的热扩散系数、比热和密度，下面主要介绍试样的热扩散系数和比热的测量方法。

尽管闪光导热仪 LFA 的热扩散系数与比热测试可在同一次测量中完成，但从技术层面我们不妨将其作为两种类型的测试分别加以研究。

(1)热扩散系数的测量

①样品须为端面平行而光滑的片状固体材料,内部材质均匀。

②选择合适的样品形状与尺寸。

可选形状一般包括圆片与方片,相对而言圆形样品较为标准,水平各方向上边界条件一致,径向热流较均匀,较易修正。圆形试样直径 12.7mm,正方形试样边长为 10mm。

③根据不同的样品材料选择合适的样品厚度。一般的建议值如下:

高导热材料,热扩散系数＞50mm²/s(如金属单质、石墨、部分高导热陶瓷等);建议厚度 2～4mm。

中等导热材料,热扩散系数在 1～50mm²/s 之间(如大部分陶瓷、合金等);建议厚度 1～2mm。

低导热系数,热扩散系数＜1mm²/s(如塑料、橡胶、玻璃等);建议厚度0.1～1mm。

另根据热扩散系数计算公式(5.5),厚度值准确与否对热扩散系数计算精度影响极大(平方关系),因此样品端面必须平行(厚度均匀一致),且必须使用千分尺进行精确测量,保证厚度数据的可靠性。

④表面涂覆。

除了少数深色不透明、表面色泽均匀、反射率低的样品外,对于一般的样品均需进行表面涂覆,涂覆材料通常使用石墨,目的是增加样品表面对光能的吸收比与红外发射率,且对透明/半透明样品使光能仅在表层吸收并进行表层检测,避免透射、深层吸收、深层检测现象。

石墨涂层的厚度应适度,既能保证材料表面的均匀有效遮覆,同时又不能太厚,否则最终样品将类似于石墨-样品-石墨的三层复合材料,尤其在样品本身较薄、热扩散系数又较高的情况下,石墨层与界面层的热阻不可忽略,将导致测得的热扩散系数偏低。

对于高透明度的样品,若石墨涂层不足以有效阻挡光透射,可考虑将样品表面镀金。但镀金后的样品仍需喷涂石墨,以提高光能的吸收比与吸收均匀性。

⑤遮光片。

样品放入托盘后,上方需放置配套的遮光片,其孔径应比样品直径小,以屏蔽样品边界(偏离理想一维传热)与托盘本身的传热信号,使检测器仅检测到样品中心区域(接近一维传热)的温升。

⑥测试参数设定(LFA447)。

对于 LFA447,一次测试的总采样点数为 2000 点,其中 baseline(基线)的采样点数建议设为 300 点,以使分析软件能够使用 Linear 类型基线拟合出由于环境温度不够稳定造成的检测信号的"基线漂移"并加以扣除；Duration（采样时间）应控制在使脉冲线之后的曲线总长度为 $t_{50}$ 的 $10\sim16$ 倍左右（较标准的取 15 倍），若太短，软件用于进行热损耗计算的信息量不够；若太长，包含关键信息的曲线部分点数变"稀"，将影响计算精度。另调节合适的放大器增益，使曲线最高点（$\Delta U$）在 $1\sim10V$ 之间（信号超出 10V 将溢出，低于 1V 则信号太弱）。

⑦计算模型的选择。

一般选 Cowan＋脉冲修正进行热损耗修正，在较高温度（如 800℃ 以上）、样品较厚情况下应选 Cape－Lehman＋脉冲修正，以对径向辐射热损耗进行附加修正，对于透明/半透明样品若涂覆不够致密、存在透射或深层吸收现象，在脉冲照射后样品起始升温的区域存在基线的"跃迁"（温度的突升），应选择辐射模型＋脉冲修正。"绝热模型"不进行热损耗修正，一般不建议使用。

（2）比热的测量

①样品与参比的表面形状、面积大小需相同，并使用同一规格的样品托盘与遮光片，以保证吸收面积与红外发射面积一致。

②样品与参比的表面结构（光滑程度）须尽量一致，以进一步保证实际吸收面积和发射面积的一致性（通常样品与参比的上下表面均应尽量光滑，若样品表面起伏或多孔，实际的表面积远大于表观面积，通常很难找到表面状态完全相同的参比物，因此一般不适合用 LFA 进行比热测试。）

③样品与参比在热扩散系数与厚度方面相近（即 $t_{50}$ 相近，减少热损耗情况相差过大引入的额外误差因素）。

④如果可能，使用与样品热容（$C_{psam}\times m$）相近的标样（$\Delta T$ 相近，以减少 $\Delta T\sim\Delta U$ 线性度的影响，但这一因素相对不重要）。

⑤对样品与参比同时进行石墨涂覆，保证表面吸收率与发射率的严格一致，避免不同色泽样品光吸收、光辐射能力不一造成的影响。

⑥对同一批样品只需测试一次标样，但标样测试与样品测试应尽量在同一天内连续完成。如果隔天有另一批样品需要测试，为保证测试精度不建议再使用前面的标样数据，应将标样的石墨涂层使用酒精擦去、再与样品放在一起同时涂覆后重新测试。

（3）导热系数精度

对于闪光法测试，导热系数是一个计算值，其误差取决于热扩散系数、比热与密度三方面测试误差的交互影响与叠加，作具体讨论并无意义。LFA447 导热系数误差一般定义为 $\pm5\%\sim7\%$，其主要误差来源于比热测试。若希望得到精度更高的导热系数数据，用差示扫描量热仪 DSC（DSC 系列仪器比热精度一般能达到 $\pm2.5\%$），或用专门的其他比热测试方法（如稳态绝热法）来进行比热测试，在此不再赘述。

**4. LFA447 导热测量仪的性能指标**

试样尺寸：圆形 Ø12.7mm，正方形 $10 \times 10$mm。

样品厚度：不大于 3 mm。

温度范围：25～300℃。

热扩散系数范围：0.001～10 cm$^2$/s。

导热系数范围：0.1～2000 W/m・K。

**5. 操作过程**

（1）准备

①开启循环水浴主按钮仪器电源开关；开启仪器电源开关；打开计算机，运行 Nanoflash™测试软件，仪器预热 2 小时；

②用千分尺测量试样厚度，每个试样测量 5 个点取平均值；在试样表面喷涂石墨涂层；

③打开仪器顶盖，加入液氮，约每 4 小时加注一次。

（2）测试

①打开仪器顶盖，放入样品，与软件所示腔体位置相对应，输入各试样物理参数，按要求设置测试参数，确认测试准备工作已按步骤完成后，编辑测试程序完毕，点击"测试栏"上的"开始"按钮进行测试；

②测试完成后，使用分析软件 Proteus LFA Analysis 对测试数据进行分析。

（3）结束

①等待软件显示炉温在 30℃以下时才能打开炉腔取出样品，然后按顺序依次关闭测量软件、导热仪、水浴、电脑；

②盖好仪器盖布，关闭房间电源，登记实验记录，最后锁好门窗。

**思考题**

① 传热有几种形式？讨论对流传热、辐射传热和热传导的基本概念和定义。

② 导热系数的定义以及单位是什么？

③ 影响导热系数的诸因素是什么？

④ 对于绝缘材料在满足其他性能的情况下希望导热系数越大越好，为什么？

⑤ 阐述闪光导热仪的测量导热系数的基本原理。

# 第6章 热膨胀系数测量技术

## 6.1 概　述

任何材料在使用过程中,对不同的温度表现出不同的热物理性能,这些热物理性能称为材料的热学性能。

物质在传热过程中,分子键与原子间储存的能量会改变,当储存的能量增加的时候,分子键的长度会改变。因此,固体会在加热状态下膨胀,冷却状态下收缩。

物体的长度、面积或体积随温度的升高而增大的现象称为热膨胀,而膨胀系数是表征材料热膨胀性质的物理量,它是衡量材料的热稳定性好坏的一个重要指标。如大型发电机的定子线棒,它固定在空间狭小的电机槽中,当电机发热(工作或有故障)和冷却(停机)时,由于线棒的铜线、绝缘材料、硅钢片等材料的热膨胀系数不同,会导致绝缘层间、绝缘层与股线之间、线棒与槽之间可能产生气隙,槽锲变松、绑绳变松、垫块变松,不仅诱发局部放电,而且使线棒振幅大于设计标准,最终会导致事故发生。因此降低材料的线膨胀系数(不同材料的膨胀系数应匹配),提高材料的热稳定性,保证设备安全的运行。

**1. 热膨胀系数**

物质由于有内能存在,物质内的每个粒子都在振动。当物质受热时,由于温度升高,每个粒子的热能增大,导致振幅也随之增大,相互结合的两个原子之间的距离也随之增大,物质就发生膨胀。热膨胀通常用热膨胀系数表示,热膨胀系数是指材料在热胀冷缩效应作用下,几何特性随着温度的变化而发生变化的规律性系数。热膨胀系数表征物体受热时其长度、面积、体积增大程度的物理量。长度的增加称"线膨胀",面积的增加称"面膨胀",体积的增加称"体膨胀"。

(1)体膨胀系数

相当于温度升高 1℃时试样体积的相对增大值。设试样为一立方体,边长为 $L$。当温度从 $T_1$ 上升到 $T_2$ 时,体积也从 $V_1$ 上升到 $V_2$,则体膨胀系数的计算公式如下:

$$\gamma = \frac{\Delta V}{V \Delta T} = \frac{V_2 - V_1}{V(T_2 - T_1)} = \frac{1}{V}\left(\frac{\partial V}{\partial T}\right) \tag{6.1}$$

式中　$\gamma$——体膨胀系数,1/K;

$\Delta T$——试样温度变化,K;

$\Delta V$——下试样体积的变化,m³;

$V$——试样初始体积,m³。

(2)面膨胀系数

相当于温度升高1℃时试样面积的相对增大值,其计算公式如下:

$$\beta = \frac{\Delta S}{S\Delta T} = \frac{S_2 - S_1}{S(T_2 - T_1)} = \frac{1}{S}\left(\frac{\partial S}{\partial T}\right) \tag{6.2}$$

式中  $\beta$——面膨胀系数,1/K;

$\Delta T$——所给温度变化,K;

$\Delta S$——试样面积的变化,m²;

$S$——试样初始面积,m²。

在实际应用中一般不使用面膨胀系数,只讨论体膨胀系数与线膨胀系数。

(3)线膨胀系数

在实际工作中一般都是测定材料的线热膨胀系数。所以对于普通材料,通常所说膨胀系数是指线膨胀系数。线膨胀系数是指温度升高1℃后,物体的相对伸长。

设试样在某一个方向的长度为 $L$。当温度从 $T_1$ 上升到 $T_2$ 时,长度从 $L_1$ 上升到 $L_2$,则平均线膨胀系数:

$$\alpha = \frac{\Delta L}{L\Delta T} = \frac{L_2 - L_1}{L(T_2 - T_1)} = \frac{1}{L}\left(\frac{\partial L}{\partial T}\right) \tag{6.3}$$

式中  $\alpha$——线膨胀系数,1/K;

$\Delta T$——所给温度变化,m;

$\Delta L$——试样长度的变化,m;

$L$——试样初始长度,m。

实际上,无机非金属材料的体积膨胀系数 $\gamma$、线膨胀系数 $\alpha$ 并不是一个常数,而是随温度稍有变化。

对于各向同性的材料,体积膨胀系数 $\gamma$ 与线膨胀系数 $\alpha$ 的关系如下:

$$\gamma = 3\alpha \tag{6.4}$$

对于三维各向异性的材料,有体膨胀系数和线膨胀系数之分。如石墨结构具有显著的各向异性,因而石墨纤维线膨胀系数也呈现出各向异性,表现为平行于层面方向的热膨胀系数远小于垂直于层面方向。

**2. 热膨胀系数测试方法**

热膨胀系数测量的基本原理是把试样放在加热炉中受热膨胀,通过顶杆将膨胀信号传递到检测系统,通过检测系统检测出温度和长度的变化量,然后计算出热膨胀系数,热膨胀系数仪的不同之处在于检测系统。

测定材料热膨胀系数有:千分表法、热机械法(光学法、电磁感应法)、体积法、示差法等。20 世纪 60 年代出现了激光法,目前基本都是计算机控制或记录处理测定数据的测量仪器。

千分表法是用千分表直接测量试样的伸长量。

光学热机械法是通过顶杆的伸长量来推动光学系统内的反射镜转动,经光学放大系统而使光点在荧屏上移动来测定试样的伸长量。

电磁感应热机械法是将顶杆的移动通过天平传递到差动变压器,变换成电讯号,经放大转换,从而测量出试样的伸长量。

立式膨胀仪是将试样安放在一端封闭的石英管底部,使其保持良好的接触,试样的另一端通过一个石英顶杆将膨胀引起的位移传递到千分表上,读出不同温度下的膨胀量。

示差法是利用热稳定性良好的材料——石英玻璃(棒和管)在较高温度下,其线膨胀系数随温度改变很小的性质。当温度升高时,石英玻璃与其中的待测试样与石英玻璃棒都会发生膨胀,但是待测试样的膨胀比石英玻璃管上同样长度部分的膨胀要大。因而使得与待测试样相接触的石英玻璃棒发生移动,这个移动是石英玻璃管、石英玻璃棒和试样三者的同时伸长和部分抵消后在千分表上所显示的 $\Delta L$ 值,它包括试样与石英玻璃管和石英玻璃棒的热膨胀之差值,测定出这个系统的伸长之差值及加热前后温度的差数,并根据已知石英玻璃的膨胀系数,便可算出待测试样的热膨胀系数。

# 6.2 L75V 热膨胀仪

## 1. 应用及技术参数

L75 是用于测量样品膨胀或收缩量随温度变化的函数关系,测得样品长度变化 $\Delta L$ 或热膨胀系数的膨胀信息。

膨胀仪还可用它研究材料相的玻璃化温度、致密化和烧结过程、热处理工艺优化、软化点检测、相变过程、反应动力学研究、聚合物分解等等。热膨胀仪(DIL)可以广泛应用于陶瓷材料、金属材料、聚合物、建筑材料、耐火材料、复合材料等领域。

技术参数如下:

温度范围:双炉体:$-150 \sim +500$℃,室温至 $1400$℃。

膨胀长度测量范围:$100 \sim 5000 \mu m$。

加热制冷速率:$0 \sim 50$ K/min。

测量模式:单杆进样。

样品支架:刚玉、石英。

试样尺寸:∅6×50mm(长度小于50mm),最好使用∅6×20mm。

**2. 测量原理**

如图6.1所示,一定长度的试样通过推杆置于炉体中,并顶到炉体上端,然后仪器开始调零,推进杆自动移动直到电脑检测到传感器的零点位置。零点调试完成后,开始测量,当炉体以一定的速度升温或降温时,试样长度会发生变化,即热膨胀或冷收缩现象,通过推杆将热胀冷缩引起试样长度的变化信号传递到左侧的检测单元位移传感器(LVDT),由位移传感器实时连续地测量该试样长度的变化,并将数据传输到计算机中,经过计算分析后,得出试样的热膨胀系数。

**3. L75V 热膨胀仪操作规程**

①首先开启电源控制器,然后开启热膨胀仪,最后是开启电脑,打开操作软件;关闭时的顺序与开启时相反,先关闭软件,电脑,然后是热膨胀仪,最后关闭电源控制器。

②实验过程中必须保持试验台的稳定性,任何的震动都会造成实验误差的产生。

③实验前,仪器需要预热至少2小时,预热4小时最佳。

④放样和取样操作时要非常小心,不要损坏仪器部件。

⑤如果样品会释放腐蚀性气体或需要通入反应气体,请注意必须通入保护气,否则会损坏热膨胀仪核心部件;尾气通入通风厨或室外。推荐保护气为氩气。

⑥实验结束时,炉子的温度降到室温时再开启炉子。高温时开启炉子,易造成人员和仪器损坏。

⑦仪器不允许随意搬动和移动,如果需要移动或搬动,请联系专业工程师操作。

⑧如果出现任何问题,请不要自行拆卸、清洗或维修热膨胀仪,如需要更换测量系统或其他要求等,请联系国内代理商的工程师更换和维护仪器。

⑨L75V 热膨胀仪校正测量规程:

a. 请向上按热膨胀仪面板上的 LIFT 键,打开加热炉;

b. 按 ZERO 按钮切换键↓收缩推进杆;

c. 移去旧的样品,放入已知长度的标准样品;

d. 按切换键↑移动推进杆向上移动直到样品接触到顶部末端;

e. 打开测量软件,首先进行炉子操作程序,从主菜单选择 TEMPERATURE PROFILE,设置加热速率,恒温时间,制冷速率等参数;

注意:校正标样外形与被测样品要一样,实验条件要一致,即相同的加热速率、冷却速率、结束温度、恒温时间、气氛条件等。

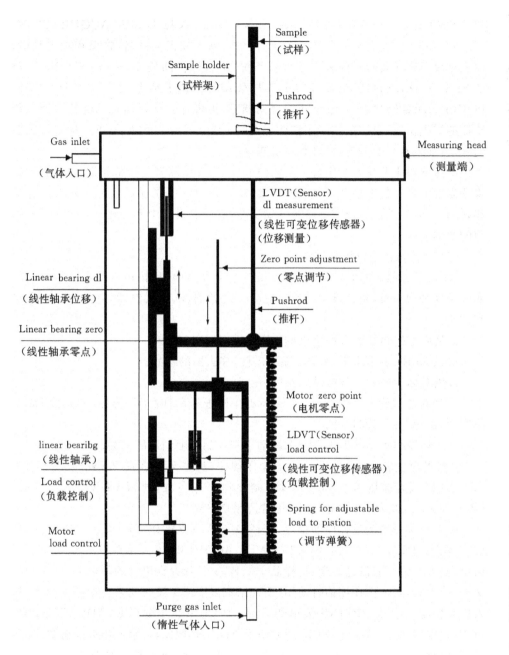

图 6.1　L75 膨胀仪的结构框图

f.执行 CURRENT VALUES 命令,检查炉子的当前温度,正常情况是室温;

g.下一步开始测量程序的设置,选择 DATA ACQUISITION 菜单下的

TYPE,CORRECTION MEASUREMENT 命令,选择 DATA ACQUISITION,SETTINGS 命令,输入实验中的信息和参数,输入校正文件名,将保存在硬盘中,输入结束温度或实验时间来自动停止测量,输入标样的长度,选择 OPTINS 菜单的 SETUP DILATOMETER,ADJUST ZERO POINT 命令,按下 AUTO ZERO POINT ADJUSTMENT 命令开始自动调零,推进杆自动移动直到电脑检测到传感器的零点位置,向下按热膨胀仪面板上的 LIFT 键将炉子降下,再次检查传感器的零点,如果有大的变化,打开炉子检查标样;

h. 按 START 键开始实验,不选择控制命令开始测量实验是非常有用的,可以检测温度信号和长度变化是否稳定。此时开启反应气或真空系统。如果没有漂移,停止实验且重新选择控制命令开始实验,在实验过程中实时观察时间曲线和当前的数据。

⑩L75V 热膨胀仪样品测量规程:

注意:做样品实验时,应该必须先做校正文件实验,且校正实验和样品实验的实验条件必须一致,包括:样品的加热速率、起始温度、结束温度,以及样品的形状和大小。

a. 请向上按热膨胀仪面板上的 LIFT 键,打开加热炉;

b. 按 ZERO 按钮切换键 ↓ 收缩推进杆,移去旧的样品;

c. 用游标卡尺测量新样品的长度,记录;

d. 把新样品放入热膨胀仪,如果必要在推进杆和样品间、样品和顶部间放入小圆片,避免它们之间粘结;

e. 按切换键 ↑ 移动推进杆向上移动直到样品接触到顶部末端;

f. 打开测量软件,首先进行炉子操作程序,从主菜单选择 TEMPERATURE PROFILE,设置加热速率,恒温时间,制冷速率等参数,执行 CURRENT VALUES 命令,检查炉子的当前温度,正常情况是室温;

g. 下一步开始测量程序的设置,选择 DATA ACQUISITION 菜单下的 SAMPLE MEASUREMENT 命令,选择 DATA ACQUISITION 菜单下的 SETTINGS 命令,输入实验中的信息和参数,样品文件名,文件保存在电脑的硬盘上,选择校正文件,缺省时,此文件在评估时使用,输入结束温度或实验时间来自动停止测量,输入样品长度。选择 OPTINS 菜单的 SETUP DILATOMETER,ADJUST ZERO POINT 命令,按下 AUTO ZERO POINT ADJUSTMENT 命令开始自动调零,推进杆自动移动直到电脑检测到传感器的零点位置,向下按热膨胀仪面板上的 LIFT 键将炉子降下,再次检查传感器的零点,如果有大的变化,打开炉子检查样品;

h. 按 START 键开始实验,不选择控制命令开始测量实验是非常有用的,可以检测温度信号和长度变化是否稳定。此时开启反应气或真空系统。如果没有漂移,停止实验且重新选择控制命令开始实验;在实验过程中实时观察时间曲线和当前的数据。

**思考题**

① 阐述膨胀系数的基本概念和定义。

② 膨胀系数的大小对于电工设备有何意义? 对于复合材料组成的电工设备希望膨胀系数如何配合?

③ 叙述 L75V 热膨胀仪的测量原理和测量过程。

# 第 7 章　红外热像仪及其应用

## 7.1　概　述

　　1800 年英国的天文学家 Mr. William Herschel 利用太阳光谱色散实验发现了红外光,但是直到 20 世纪 30 年代中期,荷兰、德国、美国才各自独立研制成红外热像管,应用于夜视系统,1952 年,美国陆军制成类似于现在使用(第一台)的热像记录仪。

　　红外线是一种电磁波,具有与无线电波和可见光一样的本质。自然界中的一切物体,只要其温度高于绝对零度(−273℃)的物体都能辐射红外线电磁波,红外线辐射是自然界存在的一种最为广泛的电磁波辐射,它是基于任何物体在常规环境下都会产生的自身的分子和原子无规则运动,并不停地辐射出热红外能量。

　　通过红外热像仪可以检测物体的红外辐射状态,主要测量物体表面的温度。它在军事和民用方面都有非常广泛的应用。在电力系统中,应用红外热成像仪对这些电力设备进行检测和监控,能发现温度异常情况以便及时排除隐患,保证电力设备安全运行。

### 1. 红外辐射的基本概念

　　红外辐射是一种电磁波。红外线与可见光、紫外线、X 射线、$\gamma$ 射线和无线电波一起,构成了一个完整连续的电磁波谱,如图 7.1 所示。近红外波谱范围为 $0.78 \sim 3.0 \mu m$,中红外波谱范围为 $3.0 \sim 20 \mu m$,远红外波谱范围为 $20 \sim 100 \mu m$。

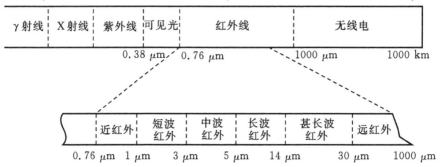

图 7.1　电磁波谱图

大气、烟云等吸收可见光和近红外线,但是对 $3\sim5\mu m$ 和 $8\sim14\mu m$ 的红外线却是透明的。因此,这两个波段被称为红外线的"大气窗口"。利用这两个窗口,红外热像仪可以在完全无光的夜晚,或是在烟云密布的恶劣环境,能够清晰地观察到前方的情况。

由热运动产生的,以电磁波形式传递的能量。特点:

①任何物体,只要温度高于绝对零度,就会不停地向周围空间发出热辐射;

②可以在真空中传播;

③伴随能量形式的转变;

④具有强烈的方向性;

⑤辐射能与温度和波长均有关;

⑥发射辐射取决于温度的四次方。

红外辐射可以从物体表面反射、被物体吸收、穿透物体。

**2. 红外辐射的基本定律**

(1)普朗克定律(Planck's Law)

为了说明普朗克定律,首先介绍黑体概念。所谓黑体,简单讲就是在任何情况下对一切波长的入射辐射吸收率都等于1的物体,也就是说全吸收。显然,因为自然界中实际存在的任何物体对不同波长的入射辐射都有一定的反射(吸收率不等于1),所以,黑体只是人们抽象出来的一种理想化的物体模型。但黑体热辐射的基本规律是红外研究及应用的基础,它揭示了黑体发射的红外热辐射随温度及波长变化的定量关系。

一个绝对温度为 $T(\mathrm{K})$ 的黑体,单位表面积在波长 $\lambda$ 附近单位波长间隔内向整个半球空间发射的辐射功率(简称为光谱辐射度) $E_{b\lambda}$ 与波长 $\lambda$、温度 $T$ 满足下列关系:

$$E_{b\lambda} = \frac{C_1\lambda^{-5}}{\exp\dfrac{C_2}{\lambda T} - 1} \tag{7.1}$$

式中 $E_{br}$ ——辐射功率,$\mathrm{W/m^3}$;

$\lambda$ ——波长,$\mathrm{m}$;

$T$ ——热力学温度,$\mathrm{K}$;

$C_1$ ——普朗克第一常数,$3.6542\times10^{-16}$ $\mathrm{W \cdot m^2}$;

$C_2$ ——普朗克第二常数,$1.4388\times10^{-2}$ $\mathrm{W \cdot K}$。

普朗克定律给出了绝对黑体辐射的光谱分布规律。

光谱辐射出射度随温度的增加而增加,温度越高,所有波长上的光谱辐射出射度也就越大,且光谱辐射出射度的峰值、波长随温度的增加而向短波方向移动。

（2）斯蒂芬-玻耳兹曼定理

黑体单位表面积向整个半球空间发射的所有波长的总辐射功率 $E_b$（简称为全辐射度）随其温度的变化规律。黑体的辐射度 $E_b$ 与温度 $T$ 的四次方成正比。

$$E_b = \int_0^\infty E_{b\lambda}\,d\lambda = \int_0^\infty \frac{C_1\lambda^{-5}}{\exp\dfrac{C_2}{\lambda T} - 1}\,d\lambda = \sigma T^4\,\mathrm{W} \tag{7.2}$$

$\sigma = 5.67 \times 10^{-8}\,\mathrm{W}$，称为黑体辐射系数。

由斯蒂芬-玻耳兹曼定律可以看出：黑体的总辐射度与绝对温度的四次方成正比，因此即使温度变化相当小，都会引起辐射出射度很大的变化。物体的温度越高，红外辐射能量越多。

斯蒂芬-玻耳兹曼定律表明了黑体辐射功率和绝对温度之间的关系，它是通过物体辐射功率测量物体温度的主要理论依据。

（3）维恩位移定律

物体的红外辐射能量密度大小，随波长（频率）不同而变化。与辐射能量密度最大峰值相对应的波长为峰值波长，维恩实验得出了最大光谱辐射功率的波长 $\lambda_{max}$ 与绝对温度 $T$ 成反比例关系：

$$\lambda_{max} T = 2.8976 \times 10^{-3}\,\mathrm{m \cdot K} \tag{7.3}$$

从维恩位移定律可知：光谱辐射出射度的峰值波长与绝对温度成反比。温度越高，峰值波长越短。

**3. 红外热成像原理**

红外热像仪是一种成像测温装置，是利用目标与周围环境之间由于温度与发射率的差异所产生的热对比度不同，而把红外辐射能量密度分布图显示出来，称为"热像"。在红外热像仪中，红外图像转换成可见光图像分两步进行，如图 7.2 所示。第一步是利用对红外辐射敏感的红外探测器（红外镜头）把红外辐射经过光栅

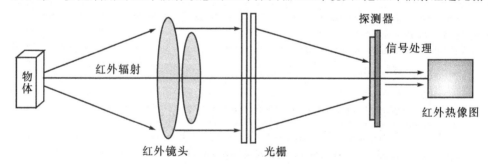

图 7.2　红外热像仪成像原理图

和探测器变为电信号,该信号的大小可以反映出红外辐射的强弱;第二步是通过电视显像系统(信号处理和显示)将反映目标红外辐射分布的电子视频信号在电视荧光屏上显示出来,实现从电到光的转换,最后得到反映目标映像的可见图像。

红外热像仪是通过非接触探测红外能量(热量),并将其转换为电信号,目标物体的某个单位面积与图像的某一像素相对应,进而在显示器上生成热图像和温度值,并可以对温度值进行计算的一种检测设备。

# 7.2　红外热像仪 Ti55

### 1. 红外热像仪性能参数和用途

红外热像仪可以测量温度,表 7.1 所示为红外热像仪 Ti55 的性能参数。

表 7.1　Ti55 的性能参数

| 红外光谱波段 | $8 \sim 14\mu m$ |
|---|---|
| 分辨率 | $320 \times 240$ppi |
| 温度范围 | $-20 \sim +600$ ℃ |
| 热灵敏度 | $\leqslant 0.05$ ℃ |
| 最小聚焦距离 | 0.15m |

红外测温仪具有非接触和快速测温的优点,在工业、农业、医疗和科学研究方面都有着广泛的用途。按其使用的途径可分为两大类:首先是测量被测目标的表面温度;其次是利用测量物体的热分布状况判断物体与热分布有关的其他性质的间接测量。红外测温技术随着现代技术的发展日趋完善,用途逐渐渗透到各个领域。开发更新型的红外测温技术,完善红外测温仪的性能是时代发展的要求。基于黑体辐射原理的红外测温技术在现代化的发展起着越来越重要的作用,它的非接触测量,实现了遥测技术;不破坏被测温度场的均衡性;光子作为信息载体,响应速度快;灵敏度高,比传统的传感器高 1~4 个数量级;频带宽,动态范围大;方便和计算机连接,容易实现数字化,智能化;安装方便,使用附件少,维护简单,提高了劳动生产力;非接触测量极大的提高了本产品的使用寿命,降低了生产成本。

### 2. Ti55 红外热像仪用于电力设备故障诊断

对于电力系统中带电运行的高、低压电气设备来说,在不停电的状态下进行远距离的实时在线诊断,这比传统的停电预防性试验更能有效地检查出设备的缺陷。红外测温技术能实现远距离实时在线诊断,满足电力设备在不停电的情况下测温分析的需求,同时,由于红外测温是被动接收物体发出的红外线而不是对设备外加红外源,所以不会对运行中的设备造成其他损害和负面影响,即无损检测。另外,红外检测不受现场电磁场干扰,在线诊断的抗干扰能力强。电力生产的最大特点是生产的连续性,长时间的停电预防性试验和检测会给生产带来很大的损失,因此设备在线无损检测就显得尤为重要,红外测温技术正是基于这种观点广泛地应用于电力系统的设备诊断。

通过测量电气设备温度(放电、过电流、接触不好等缺陷造成)以及分布,可以准确地将有故障的热点和正常的热点有效区分开来,找到具体故障点,及时做出正确的维修方案,保证电力系统安全运行。

**思考题**

①阐述红外辐射的基本概念。

②阐述红外热像仪在电力设备的应用。

# 第8章　材料的力学性能试验

## 8.1　概　述

对于电工设备使用的绝缘材料,除了测量电气、理化性能外,人们还关心它的力学性能,因为电工设备在运行过程中会承受电、热、机械(力学)作用。力学性能也称为机械性能,任何材料受力后都要产生变形,变形到一定程度即发生断裂破坏。这种在外力作用下材料所表现的变形与断裂破坏的行为称为力学行为,它是由材料的物质结构决定的,是材料本征特性。同时,环境温度和加载速率对于材料的力学行为有很大的影响,因此材料的力学行为是外加载荷与环境因素共同作用的结果。

固体绝缘材料力学性能试验的目的是测定在机械力作用下材料的变形以及使材料破坏的应力。由于在各电力设备的运行中,由各种材料包括绝缘材料制作的部件会承受相当高的机械负荷,因此,材料的力学性能试验具有实际意义。

### 1. 材料的力学性能

材料的力学性能是指材料在不同环境(温度、介质、湿度)下,承受各种外加载荷(拉伸、压缩、弯曲、扭转、冲击、交变应力等)时所表现出的力学特征,一般来说材料的力学性能有如下七种。

(1)强度

材料在静载荷作用下抵抗永久变形或断裂的能力,同时,也可以定义为比例极限、断裂强度或极限强度。有多种强度指标,如抗拉强度、抗弯强度、抗剪强度等。没有一个确切的单一参数能够准确定义这个特性,因为材料的行为随着应力种类的变化和其应用形式的变化而变化。强度是绝缘结构设计时选择材料的重要依据。

(2)塑性

材料在载荷作用下产生永久变形而不被破坏的能力。塑性变形发生在材料承受的应力超过弹性极限并且载荷去除之后,此时材料保留了一部分或全部载荷时的变形,用伸长率和断面收缩率表示。脆性与韧性和塑性相反。脆性材料没有屈服点,有断裂强度和极限强度,如陶瓷及石头都是脆性材料。脆性材料在拉伸方面的性能较弱,对脆性材料通常采用压缩试验进行评定。

（3）硬度

硬度是材料抵抗局部塑性变形的能力。它是衡量材料软硬的一个指标，硬度也反映材料抵抗其他物体压入的能力，通常材料的强度越高，硬度也越高。工程上常用的硬度指标有：布氏硬度、洛氏硬度、维氏硬度。

（4）韧性

材料抵抗冲击载荷而不被破坏的能力。韧性是指材料在拉应力的作用下，在发生断裂前有一定塑性变形的特性，韧性指标用延伸率表示，如金、铝、铜等金属材料属于韧性材料，它们很容易被拉成导线。

（5）弹性和刚度

弹性是指材料受外力作用时产生变形，当外力去掉后能恢复到原来形状及尺寸的性能。弹性变形是一种可逆现象，不论在加载期还是在卸载期，其应力和应变之间都保持单值线性关系。

将材料抵抗弹性变形的能力称为刚度，用弹性模量表示材料抵抗弹性变形的能力。材料的弹性模量越大，刚度越大；反映了材料内部原子结应力的大小，组织不敏感的力学性能指标。

（6）蠕变

材料在高温长时间应力作用下，即使所加应力小于该温度下的屈服强度，材料也会逐渐产生明显塑性变形至断裂。

材料的机械性能在高温下会发生改变。随温度升高，弹性模量 $E$、屈服强度、硬度下降，塑性提高，并产生蠕变。在恒定温度下及规定时间内产生规定的相对蠕变量的恒定标称应力，或者在恒定温度下产生规定的蠕变速度（第二阶段蠕变即恒速蠕变的蠕变速度）的恒定标称应力，称为"蠕变强度"，又称为"蠕变极限"。

（7）疲劳强度

以上几项性能指标，都是材料在静载荷作用下的性能指标，而许多零部件和制品，经常受到大小及方向变化的交变载荷。在交变载荷反复作用下，材料常在远低于其屈服强度的应力下发生断裂，这种现象称为"疲劳"。疲劳强度是指材料在无限多次交变载荷作用下而不破坏的最大应力称为疲劳强度或疲劳极限。材料在交变应力下的破坏，习惯上称为疲劳破坏。

**2. 影响材料力学性能的因素**

影响绝缘材料力学性能的因素很多，归纳起来主要有如下几个方面：

①聚合物组成与结构的影响（如：聚合物种类，分子量及其分布，是否结晶等）；

②加工工艺的影响（如：成型加工的方式及加工条件导致结晶度、取向度的变化，试样的缺陷等）；

③测试条件的影响（如：测试温度，湿度，速度等）；

④试样的均匀性以及试样是否有缺陷等。

这些影响因素会导致实验重复性差,所以力学性能的测试有严格的测试标准,如 GB1042—92 规定:环境温度为 $25\pm1℃$,相对湿度为 $65\pm5\%$,样品的尺寸、形状均有统一规定,实验结果一般要求五次数据以上的平均值。

研究表明,材料内部微观结构的不均匀和缺陷是导致力学性能下降的主要原因。实际高分子材料中总是存在这样或那样的缺陷,如表面划痕、内部杂质、微孔、晶界及微裂纹等,这些缺陷尺寸很小但危害很大,使得力学性能达不到规定的要求。

# 8.2　拉伸试验

拉伸试验是一种较简单的力学性能试验,能够清楚地反映出材料受力后所发生的弹性、塑性与断裂三个变形阶段的基本特性。拉伸试验所测试的力学性能参数稳定可靠,而且理论计算方便,因此各国及国际组织都制定了完善的拉伸试验方法标准,将拉伸试验方法列为力学性能试验中最基本、最重要的试验项目。

拉伸试验是对试样沿纵轴向施加静态拉伸负荷,使其破坏。通过测定试样的屈服力、破坏力和试样标距间的伸长来求得试样的屈服强度、拉伸强度、伸长率和弹性模量。

## 1. 试样制备

用标准哑铃形标准裁刀在冲片机上冲取哑铃型拉伸试样,分为大、中、小三种型号,其结构如图 8.1 所示,试样结构和尺寸都有国家标准,见 19348GB—T1040 塑料拉伸或 GB13022—1991 塑料薄膜拉伸性能试验方法。在细颈部分(试样中间部分)划出长度标记 $L_0$,精确测量试样细颈处 $L_0$ 内的宽度和厚度,以便于以后进行拉伸试验时计算伸长率和拉伸强度。

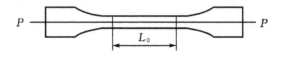

图 8.1　拉伸试样形状($P$ 拉力,$L_0$ 原始拉伸长度)

## 2. 应力-应变曲线

在进行拉伸试验时,以应力值作为纵坐标,应变值作为横坐标,由应力-应变的相应值绘成的曲线称应力-应变曲线,见图 8.2。应力-应变曲线一般分为两个部分:弹性变形区和塑性变形区,在弹性变形区,材料发生可完全恢复的弹性变形,应力和应变呈正线性关系。曲线中直线部分的斜率即是拉伸弹性模量值,在塑性变形区,应力和应变增加不再呈正比关系,在拉伸最后出现断裂。

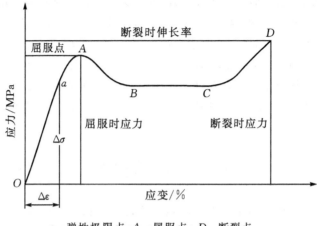

a—弹性极限点;A—屈服点;D—断裂点

图 8.2　高聚物的应力应变曲线

$Oa$ 段:直线、弹性变形;$aA$ 段:曲线、弹性变形＋塑性变形;$AB$ 段:试样伸长但是应力有所减小(有时可能变化不大);$BC$ 段:水平线(略有波动)明显的塑性变形屈服现象,作用的力基本不变,试样连续伸长;$CD$ 段:分子定向后,拉伸力明显增加;$D$ 点,试样拉断。

**3. 材料的力学性质**

通过拉伸试验,可以得到强度、塑性和刚度等参数。

(1)强度参数

①屈服强度。

指材料在外力作用下,产生屈服现象时的最小应力,它表征了材料抵抗微量塑性变形的能力,如图 8.2 的 $A$ 点为屈服点。屈服强度按下式计算。

$$\sigma_S = \frac{P_S}{S_S} = \frac{P_S}{b \times d} \qquad (8.1)$$

式中　$\sigma_S$ ——屈服强度,MPa;

　　　$P_S$ ——屈服点的拉力,N;

　　　$b$ ——试样原始宽度,mm;

　　　$d$ ——试样原始厚度,mm。

②拉伸强度。

抗拉强度是材料在拉断前承受最大载荷时的应力,它表征了材料在拉伸条件下所能承受的最大应力,如图 8.2 的 $D$ 点为拉伸断裂点。拉伸强度按下式计算。

$$\sigma_B = \frac{P_B}{S_B} = \frac{P_B}{b \times d} \tag{8.2}$$

式中　$\sigma_B$——拉伸强度(抗拉强度),MPa；

　　　$P_B$——最大破坏载荷,试样拉断时的拉力,N。

(2)塑性参数(断裂伸长率)

材料在外力作用下,产生永久变形而不引起破坏的能力,断裂伸长率为:

$$\delta = \frac{L_B - L_0}{L_0} \times 100\% \tag{8.3}$$

式中　$\delta$——断裂伸长率；

　　　$L_0$——试样的原始长度,mm；

　　　$L_B$——试样断裂时两线间的距离,mm。

(3)刚度参数(弹性模量)

材料在外力作用下抵抗弹性变形的能力。图 8.2 中,由 $O$ 至 $a$ 点为一直线,表示应力与应变成正比关系,符合胡克定律。对应于 $a$ 点的应力为该直线上的最大应力,称作比例极限应力。

在 $Oa$ 这条直线上,我们可以选取适当的应力 $\Delta\sigma$ 和应变 $\Delta\varepsilon$ 求出弹性模量 $E$。

$$E = \frac{\Delta\sigma}{\Delta\varepsilon} \text{MPa} \tag{8.4}$$

材料的弹性模量越大,刚度越大。

**4. CMT4503 - 5kN、5504 - 50kN 电子万能试验机**

主要适合各种材料试样的拉伸、压缩、弯曲、剪切、剥离、撕裂等试验,主要技术参数如下:

速度:0.01~500 mm/min。

最大试验力:5kN、50kN。

试验力测量范围:0.4%~100%FS。

试验力分辨力:1/300000Fmax。

变形测量范围:0.2~100%FS。

变形分辨力:最大变形的 1/300000。

温度范围:-70~350℃。

烘箱内有效拉伸长度:220mm(大烘箱)、200mm(小烘箱)。

**5. 拉伸试验操作步骤**

(1)试验准备

①制作标准试样,在试样中间部分作标线,此标线应对测试结果没有影响；

②测量试样中间平行部分的宽度和厚度,每个试样测量三点,取算术平均值；

③选择试验机载荷,以断裂时载荷处于刻度盘的 1/3~4/5 范围之内最合适；

④拉伸速度选择,对于软质热塑性塑料,拉伸速度可取 50mm/min,100mm/min,200mm/min,500mm/min;

⑤将试样装在夹具上,在使用夹具时应先用固定器将上夹具固定,防止仪器刀口损坏,试样夹好后松开固定器,设置行程保护定位;

⑥开机:万能试验机、打印机、计算机。注意每次开机后,最好要预热 10 分钟,待系统稳定后,再进行试验工作;

⑦试验应在标准规定的环境中进行。

(2)进行试验

①选择相应的试验方案(试验方案的设置参照软件说明书),输入试样的原始参数如尺寸等,多根试样直接按回车键生成新记录;

②将试样装在夹具上,点击窗口的"清零"按钮;

③一切试验准备就绪,点击"运行",仪器开始自动试验。试验自动结束后,软件显示试验结果。特别注意试样断裂在中间平行线部分之外时,应另取试样补做试验。根据标准每个参数的试验结果要取五个试样的平均值;

④测试结束,点击"打印",打印测试结果;

⑤试验结束,关闭电源和计算机。

# 8.3 弯曲试验

弯曲试验主要用来检验材料经受弯曲负荷的能力,生产中常用弯曲试验来评定材料的弯曲强度和塑料变形的大小,弯曲性能是高聚物质量控制和力学性能的一项重要指标。弯曲试验采用简支梁法,将试样支撑在两个支座上构成横梁结构,在试样中心(横梁中心)以恒定速度加施集中载荷,测定其弯曲性能,如弯曲强度和弯曲弹性模量。

## 1. 试验原理

弯曲试验使用三点式弯曲试验法,三点式弯曲试验法是将横截面为矩形的试样跨于两个支座上,通过一个加载压头对试样施加载荷,压头着力点与两支点间的距离相等。在弯曲载荷的作用下,试样将产生弯曲变形。变形后试样跨度中心的顶面或底面偏离原始位置的距离称为挠度,单位 mm。试样随载荷增加其挠度也增加。塑料的弯曲试验就是把试样支撑成横梁,见图 8.3,使其在跨度中心以恒定力和速度使试样弯曲,直到试样断裂或变形达到预定值(规定挠度),测量该过程对试样施加的压力,并计算弯曲强度、弯曲模量等值,单位 MPa,弯曲应变是试样跨度中心外表面上单元长度的微量变化,用无量纲的比或百分数(%)表示。

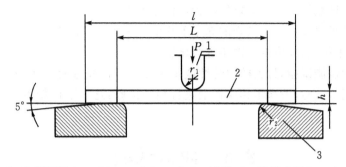

1—加荷压头($r_1 = 10$ mm 或 5 mm);2—试样;3—试样支座($r_2 = 2$ mm);
$h$—试样厚度;$P$—弯曲负荷;$l$—试样长度;$L$—试样跨度

图 8.3  弯曲试验系统

**2. 试样**

可采用注塑、模塑或由板材经机械加工制备矩形截面积的试样。推荐试样尺寸为长 $80 \pm 2$ mm,宽 $10.0 \pm 0.2$ mm,厚 $4.0 \pm 0.2$ mm。当不可能或不希望采用推荐试样时,试样长度和厚度之比应与推荐试样相同,即 $L/H = 20 \pm 1$。测量试样中部的宽度 $b$(精确到 $0.1$ mm),厚度 $h$($0.001$ mm),计算一组试样厚度的平均值。剔除厚度超过平均厚度允差 $\pm 0.5\%$ 的试样,并用随机选取的试样来代替。调节跨度 $L$,使 $L = (16 \pm 1)h$,并测量调节好的跨度,精确到 $0.5\%$。

**3. 弯曲强度**

弯曲应力或弯曲强度按下式计算:

$$\sigma_t = \frac{3PL}{2bd^2} \tag{8.5}$$

式中  $\sigma_t$ ——弯曲应力,MPa;

  $P$——施加的力(规定挠度),N;

  $L$——跨度,mm;

  $b$——试样宽度,mm;

  $d$——试样厚度,mm。

**4. 试验步骤**

弯曲试验步骤与拉伸试验步骤类似,使用仪器也相同,即万能试验机,不过这时采用压力。具体不同的地方如下:

①设置好合适的试验速度。推荐试验速度为 $2.0 \pm 0.4$ mm/min(标准试样);

②把试样对称地放在两个支座上,并于跨度中心施加力;

③记录试验过程中施加的力和相应的挠度,当试样断裂或变形达到预定值(即

规定挠度)时,试验结束(注:规定挠度为试样厚度 $h$ 的 1.5 倍,单位 mm)。

④试验结果以每组 5 个试样的算术平均值表示。试样在跨度中部分 1/3 以外断裂,试验结果作废,并应重新取样进行试验。

其他力学性能试验,材料的力学性能试验除了拉伸和弯曲之外,还有压缩、剪切、剥离、撕裂等试验,请参考相应标准进行相关试验,这里不再赘述,使用仪器还是万能试验机。

# 8.4 冲击试验

冲击试验是用来度量材料在高速冲击状态下的韧性或对断裂的抵抗能力。

**1. 冲击试验原理**

简支梁式摆锤冲击试验方法,基本原理是把摆锤从垂直位置挂于机架的扬臂上以后,此时扬角为 α,见图 8.4,它便获得了一定的位能,当摆锤自由落下时,则位能转化为动能将试样冲断,冲断以后,摆锤以剩余能量升到某一高度,升角为 β。

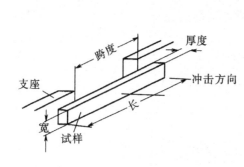
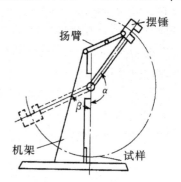

图 8.4 摆锤式冲击试验工作原理

在整个冲击试验中,按照能量守恒的关系可写出下式:

$$A = m(h_0 - h) = ml(\cos\beta - \cos\alpha) \qquad (8.6)$$

式中    $m$——冲击锤质量,kg;

       $\alpha$——冲锤冲前之扬角,(°);

       $l$——冲击锤摆长,m;

       $\beta$——冲击锤冲断试样后之升角,(°);

       $A$——冲断试样所消耗的功,J。

式(8.6)中除 β 外均为已知数,故根据摆锤冲断试样后升角 β 的大小,可绘制出读数盘,由读数盘可以直接读出冲断试样时消耗的功的数值 $A$。

(1)无缺口试样简支梁冲击强度(kJ/m²)

$$a = \frac{A}{b \cdot d} \times 10^3 \tag{8.7}$$

式中　$A$——试样吸收的冲击能量,J;

　　　$b$——试样宽度,mm;

　　　$d$——试样厚度,mm。

(2)缺口试样简支梁冲击强度(kJ/m²)

$$a_k = \frac{A_k}{b \cdot d_k} \times 10^3 \tag{8.8}$$

式中　$A_k$——缺口试样吸收的冲击能量,J;

　　　$b$——试样宽度,mm;

　　　$d_k$——缺口试样缺口处剩余厚度,mm。

**2. 试样**

试样类型和尺寸以及相对应的支撑线间的距离见表 8.1。试样的缺口类型和缺口尺寸见表 8.2。试样的优选类型为 1 型,优选的缺口类型为 A 型。

表 8.1　试样类型和尺寸以及相对应的支撑线间的距离/mm

| 试样类型 | 长度 $l$ | | 宽度 $b$ | | 厚度 $d$ | | 支撑线间距离 L |
| --- | --- | --- | --- | --- | --- | --- | --- |
| | 基本尺寸 | 极限偏差 | 基本尺寸 | 极限偏差 | 基本尺寸 | 极限偏差 | |
| 1 | 80 | ±2 | 10 | ±0.5 | 4 | ±0.2 | 60 |
| 2 | 50 | ±1 | 6 | ±0.2 | 4 | ±0.2 | 40 |
| 3 | 120 | ±2 | 15 | ±0.5 | 10 | ±0.5 | 70 |
| 4 | 125 | ±2 | 13 | ±0.5 | 13 | ±0.5 | 95 |

表 8.2　缺口类型和缺口尺寸/mm

| 试样类型 | 缺口类型 | 缺口剩余厚度 $d_k$ | 缺口底部圆弧半径 $r$ | | 缺口宽度 $n$ | |
| --- | --- | --- | --- | --- | --- | --- |
| | | | 基本尺寸 | 极限偏差 | 基本尺寸 | 极限偏差 |
| 1~4 | A | 0.8d | 0.25 | ±0.05 | | |
| | B | | 1.0 | | | |
| 1,3 | C | $\frac{2}{3}$d | ≤0.1 | | 2 | ±0.2 |
| 2 | C | | | | 0.8 | ±0.1 |

注:A 型、B 型、C 型缺口的形状和尺寸分别见图 8.5。

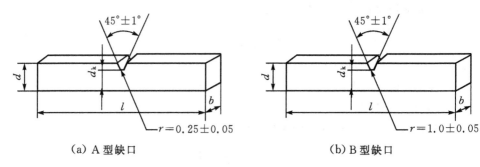

（a）A 型缺口          （b）B 型缺口

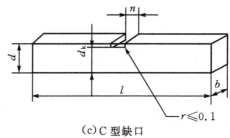

（c）C 型缺口

图 8.5　缺口类型和缺口尺寸

**思考题**

①电力设备为什么要考虑力学性能？

②常规力学性能试验有几种？他们测量的力学参数代表什么意义？

③影响力学性能的各种因素是什么？

# 第9章　转矩流变仪及其应用

## 9.1　概　述

流变性能主要研究聚合物在应力作用下,产生的弹性、塑性、粘性形变及这些行为与各因素之间的关系。

高聚物的流动行为是高聚物分子运动的表现,强烈依赖于高聚物本身的组成、结构、分子量及其分布、温度、压力、作用时间、作用力的性质和大小等影响因素。聚合物的流动并不是高分子链之间的简单滑移,而是运动单元依次跃迁的结果(蚯蚓蠕动),高聚物熔体和溶液的流变性,是高分子材料可以加工成型不同形状制品的依据,例如,在挤出、注模、吹膜、压延等工艺中,材料的流动行为显得十分重要。材料的流动性不但影响加工行为,还会影响最终产品的力学性能。例如,分子取向对模塑产品,薄膜和纤维的力学性能都有很大影响,而分子取向的类型和程度主要是由加工过程中流动场的特点和材料的流动行为所决定。

**1. 牛顿流体**

牛顿流体是指在受力后极易变形,且剪切应力与剪切变形速率呈线性函数的低粘性流体,如水、甘油、高分子稀释溶液、小分子流体等。其数学表达式如下:

$$\tau = \eta\dot{\gamma} \tag{9.1}$$

式中　$\tau$——剪切应力,单位面积上所需施加的力,MPa、Pa;

　　　$\dot{\gamma}$——切变速率,在层流而形成速度梯度,1/s;

　　　$\eta$——粘度(粘度系数),度量流体粘性大小的物理量,Pa·s。

且　　　　　　　　$\tau = \dfrac{F}{A}$　　　　　$\dot{\gamma} = \dfrac{\mathrm{d}v}{\mathrm{d}y}$ \tag{9.2}

各种流体都具有一定的粘性,即流体各部分之间有相对运动出现时,在做相对运动的各部分流体间,就会产生阻止这种相对运动的内摩擦力,粘度实际上表示了这种内摩擦力的大小,牛顿流体的特点是粘度值是常数。

**2. 非牛顿流体**

对于聚合物流体,由于大分子的长链结构和缠结,剪切力和剪切速率不成比例,流体的剪切粘度不是常数,依赖于剪切作用。具有这种行为的流体称为非牛顿流体,非牛顿流体的粘度定义为非牛顿粘度或表观粘度。

$$\eta_a = \frac{\tau}{\dot{\gamma}} \qquad (9.3)$$

由于非牛顿流体中剪切粘度值不是常数,随切变速率或切应力变化,将流动曲线上某一点的 $\tau$ 和 $\eta_a$ 之比称为表观粘度。

对高聚物熔体和溶液体系的流变性能分析,必须既考虑其粘性流动(不可逆形变),也必须考虑其弹性变形(可逆形变);同时还需考虑高聚物分子结构的不均一性(如分子量分布和支化),分散体系的不均匀性(如颗粒大小、填料的不均一性);高聚物在加工过程中有化学降解和热氧降解等等;以及形变的不均匀性、温度的不均匀性等等,是一个十分复杂的体系。

聚合物的流变性能具有如下特点:

①粘度太,流动性差:因为高分子链的流动是通过链段的相继位移来实现分子链的整体迁移,类似蚯蚓的蠕动;

②不符合牛顿流动规律,粘度不是常数,在流动过程中粘度随切变速率的增加而下降(剪切变稀);

③熔体流动时伴随高弹形变,因为在外力作用下,高分子链沿外力方向伸展,当外力消失后,分子链又由伸展变为卷曲,使形变部分恢复,表现出弹性行为。

聚合物流体的流动都遵循幂律定律

$$\tau = K \cdot \dot{\gamma}^n \qquad (9.4)$$

式中　$K$——粘度系数,Pa·s;

　　　$n$——非牛顿指数。

• 当 $n=1$ 时流体具有牛顿流体行为;

• 当 $n<1$ 时,表观粘度随剪切速率的增大而减小,这种流体称为假塑性流体或切力变稀流体,大部分聚合物流体都属于这种;

• 当 $n>1$,表观粘度随剪切速率的增大而增大,这种流体称为膨胀性流体或切力增稠流体。

**3. 影响聚合物流变行为的主要因素**

(1)温度

随着温度的升高,聚合物分子间的相互作用力减弱,聚合物熔体粘度降低,流动性变大,如热塑性聚合物熔体粘度随着温度升高呈指数函数的方式降低。

(2)压力

压力作用使聚合物的自由体积减小,分子间距离缩小,导致液体的粘度增加,流动性降低。

(3)剪切速度或剪切力

聚合物熔体属于具有非牛顿行为,粘度随剪切速率的增加而下降。特别注意的是：不同聚合物 $\eta_a$ 对 $\dot{\gamma}$ 及 $\tau$ 有不同的依赖性。

（4）聚合物的结构及组成

相对分子质量、相对分子质量分布、链支化、侧基、链刚性、链柔性、极性等，对粘度都有影响。

（5）添加剂

添加剂会影响聚合物溶体粘度，如增塑剂、润滑剂和填料等。

# 9.2　转矩流变仪

流变仪主要应用于高分子材料的流变行为，研究粘度（转矩）与温度的关系，是一种多功能流变学测试系统，并借此研究配方、开发合成物、研究聚合物、质量控制、流变学试验和加工性能试验。

**1. 流变仪分类以及基本工作原理**

流变仪主要有毛细管流变仪、旋转流变仪和转矩流变仪三种。

（1）毛细管流变仪

毛细管流变仪主要用于高聚物材料熔体流变性能的测试。基本的工作原理是，物料在电加热的料桶里加热熔融，料桶的下部安装有一定规格的毛细管口模（有不同直径 0.25～2mm 和不同长度的 0.25～40mm），温度稳定后，料桶上部的料杆在驱动马达的带动下以一定的速度把物料从毛细管模口挤出来。在挤出的过程中，可以测量出毛细管模口入口处的压力，在结合已知的速度参数、模口和料桶参数，以及流变学模型，从而计算出不同剪切速率下熔体的剪切粘度。

（2）旋转流变仪（控制应力型和控制应变型）

①控制应力型：使用的较多，如 TA 的 AR 系列、Physica MCR 系列和 Haake、Malven 都是这一类型的流变仪，基本的工作原理是，采用电机带动夹具给样品施加应力，同时用光学解码器测量产生的应变或转速。其中 Physica 的电机属于同步直流电机，这种电机相对响应速度快，控制应变能力强；其他厂家使用的属于托杯电机，托杯电机属于异步交流电机，这种电机响应速度相对较慢。

②控制应变型：目前只有 ARES 属于单纯的控制应变型流变仪，这种流变仪直流电机安装在底部，通过夹具给样品施加应变，样品上部通过夹具连接倒扭矩传感器上，测量产生的应力。这种流变仪只能做单纯的控制应变实验，原因是扭矩传感器在测量扭矩时产生形变，需要一个再平衡的时间，因此反应时间就比较慢，这样就无法通过回馈循环来控制应力。

（3）转矩流变仪

实际上是在实验型挤出机的基础上，配合毛细管、密炼室、单双螺杆、吹膜等不同模块,模拟高聚物材料在加工过程中的一些参数,这种设备相当于聚合物加工的小型实验设备,与材料的实际加工过程更为接近,主要用于与实际生产接近的研究领域。

转矩流变仪主要应用于橡塑高分子材料,是一种多功能流变学测试系统,可以用来精选配方、质量控制、流变学试验和加工性能试验。其试验原理是测试材料在高温剪切下转矩的变化。转矩与熔体的粘度相关,样品混合时所受阻力与样品熔体粘度成正比,通过作用在转子或螺杆上的反作用扭矩测得这种阻力。

**2. 转矩流变仪的构成**

可以用来研究热塑性材料的热稳定性、剪切稳定性、流动和塑化行为,其最大特点是能在类似实际加工过程中连续准确可靠地对体系的流变性能进行测定,还可以完成热固性材料的固化特性测试。

转矩流变仪从功能构成上分为三部分,即主机控制系统、测量驱动系统和辅机附件部分。主机控制系统用于设备的校正、试验参数的设置、数据的采集、显示和处理,发出对辅机的参数控制信号;测量驱动系统用于测量温度、压力、转速和转矩信号,随时把信息传给主机,并为辅机提供电源和电机驱动;辅机部分包括混合器、单螺杆挤出机、双螺杆挤出机、吹膜机、压延挤带机、电缆包覆装置和造粒机等;附件部分包括转子、螺杆、模头、漏斗、加料器、传感器和电子天平等。根据不同的试验要求,将主机、辅机和附件有机地组合起来,便可完成。

转矩流变仪系统配置中,其核心部分是混合系统,可对不同材料在不同用途中的不同混合工艺进行模拟,通过精确的转矩测量、记录及对数据的分析,可以获得与物料加工性能有关的特性信息,对预计材料的加工时间、工艺条件,以及对特殊需要的基本材料及添加剂的选择都是十分重要的。

**3. 转矩流变仪的应用**

(1)混合器及其应用

混合器是为了模拟生产过程和测试流变性而设计的,它相当于一个小型密炼机。利用混合器可以完成熔融性、聚合物的热稳定性和剪切稳定性、交联聚合物交联(固化)性能和弹性体的流动-固化性能的测试等多种试验。

材料试样在混炼器中,受到转速不同和转向相反的两个转子所施加的作用力,使材料在转子与室壁间进行混炼剪切,材料对转子凸棱施加反作用力,而力的大小则由传感器测量,经过机械分级的杠杆力臂将力转换成转矩值,即牛·米(N·m)。转矩的大小反应了材料粘度的大小,在测转矩的同时测得材料的温度。

通过混炼器得到的曲线表征特定的材料的混合转矩和温度随时间的变化关系,描述了物料的加工性能和过程状态,典型曲线如图 9.1 所示。

图 9.1 中 $A$ 点为转矩峰值,是压样品进入混合器时转矩激增的结果,此时样

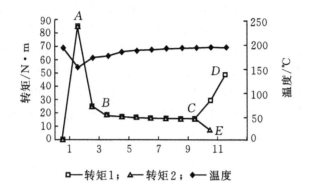

图 9.1　聚合物的典型流变曲线

品开始受热熔融,又受到压缩和剪切的作用;$B$ 点表明转矩趋于平稳,此时样品已熔融,只受到温度和剪切作用,从 $A$ 点到 $B$ 点反映了样品的熔融时间和活化能;从 $B$ 点到 $C$ 点,处于一种相对稳定的状态,粘度变化不大,这段时间反映样品的耐剪切热稳定性,可以用它来考核样品的热稳定性,反映稳定剂、抗氧剂的作用效果;$C$ 点是一个转折点,$C$ 点到 $D$ 点,说明材料发生了交联,粘度增大,温度也随之有所上升;而 $C$ 点到 $E$ 点说明物料发生了降解,大分子链断裂,粘度降低。曲线的本身也直接反映了试验样品的加工性能。

　　通过对测试结果如转矩、转速、熔融温度、熔融压力等工艺参数进行研究,可以描述材料的流变特性,例如凝胶和熔化速率,热固性材料和橡胶的固化,剪切稳定性和热稳定性,吸收性质,可加工性及熔融性等,以用来模拟和优选生产工艺,反映实际的工艺参数。

　　(2)挤出机及其应用

　　转矩流变仪配备了单螺杆和双螺杆挤出机,在挤出过程中,材料得到熔融、混合、压缩、均化、最后挤入模头。可以用挤出机模拟实际工艺进行试验、配方、质量控制;也可以进行小规模生产。配上不同的模头,可以加工不同的产品,如配方造粒、压延片材、吹膜、挤管、异型材挤出、电缆包覆及毛细管流变试验等。挤出机同时带有多个参数的测量,在模拟实际加工时,可同步测量温度、熔体压力、转速和转矩。这样根据需要,可随时改变挤出加工条件,以满足试验的设计要求,找到最佳的工艺参数。单、双螺杆的选用有一定的区别,对剪切敏感的高分子材料,选用单螺杆挤出机,用来混合挤出,测量熔融、流变特性。对于温度敏感而对剪切不敏感的材料,选用双螺杆挤出机,挤出过程可以完成颜料和添加剂与聚合物的混合,还可挤出在螺筒中进行聚合的物料,双螺杆挤出机设有排气装置。

　　(3)毛细管及其应用

在转矩流变仪配备的螺杆挤出机上,装配上流变试验模头和毛细管,接上相应的压力传感器和电子天平,便可进行毛细管流变试验。毛细管流变试验用来测试材料熔体粘度和剪切应力随温度和剪切速率的变化关系。材料自身的分子量和分子量分布不同,对其流动情况影响很大。一般来说,原材料制成专用料,要加入着色剂、润滑剂、稳定剂或抗冲击改善剂等。这些添加剂都将影响树脂材料的流变行为,因此,通过测试样品的流变性能,可以最终优化产品的配方。粘度和剪切应力随剪切速率的变化曲线如图9.2所示。

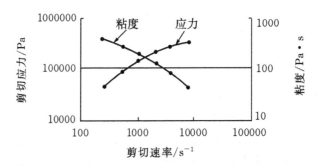

图9.2　粘度和剪切应力随剪切速率的变化

(4)模头和附件的应用

转矩流变仪配备了十几种模头和附件,是试验不可或缺的组成部分。

①圆孔模头:用来挤出造粒,检测模口模膨胀,拉丝测熔体强度等。

②狭缝模头:用于带状挤出,经压延牵引成型片材,用作其他试验的样品,如力学性能、光学性能、电性能和颜料分散情况检测等。

③挤管模头:用于细管挤出成型,观察分析管材的成型情况。

④吹膜模头:用于小量窄幅吹膜,可作光学性能、鱼眼检测试验样品。

⑤滤网试验圆孔模具　在挤出机头装上圆孔模具,可测试聚合物中碳黑、填料及颜料的分散和颗粒污染情况。试验过程中,较大的颗粒或颜料团块缓慢堵塞过滤装置,从而引起熔体压力随时间上升。压力上升,是颗粒或颜料对熔体的污染造成的。

⑥电缆包覆模具:电缆包覆模具配上牵引装置,可以对金属导线进行低速挂线包覆试验,初步检验电缆料的挂线包覆性能。

⑦异型材模具:一般用 Gamy 模具,对高分子材料的挤出特性从外观、截面的一致性及模口胀大上进行客观评价。

**4. 哈克 RC-90 型转矩流变仪的性能参数**

用于聚合物和其他种类合成材料的流变行为及加工特性测试。其性能参数如

表9.1所示。

表9.1 RC-90型转矩流变仪的性能参数

| 电机功率 | 3.6kW |
|---|---|
| 转矩测量范围 | 0～200N·m |
| 温度范围 | 0～500℃ |
| 压力显示范围 | 0～70MPa |

**5. 哈克RC-90型转矩流变仪的操作步骤**

①开机:开转矩流变仪电源并检查流变仪上红色急停按钮是否打开,启动计算机电源(顺时针方向退出),屏幕应显示主菜单,并伴有啸叫声,可将MDU的复位开关复位,即停止啸叫,同时开启MDU的电源及Motor开关;

②检查MDU上所连的混合器或挤出器是否已就位,无错装;

③按菜单程序要求,分别键入测试所需数据及信息,选中或取消相应的测量及控制;

④进行校正(混合器测试必须在电机已驱动下进行):校正时速度应已达规定值,螺杆或转子应已装好,试样未投入,校正完毕后即可投料进行测试;

⑤关机:完成实验后关机,关机步骤应依次停止电机、加热、通讯、控制程序、流变仪电源、计算机;

⑥试验完成后,做好清理工作。混炼器在电机停止的情况下拆卸并清除腔内残留料。

**思考题**

① 高聚物的流变性能主要研究什么?

② 影响流变行为的各种因素是什么?

③ 流变仪有什么应用?可以获得哪些参数?

# 第 10 章　界面张力测量技术

## 10.1　概述

自然界的物质通常有三种存在状态:气态、液态、固态,这三种相态相互接触可以有五种类型的界面:气—液、气—固、液—液、液—固、固—固。界面是两相的接触面,不是几何面,是指两相接触的约几个分子厚度的过渡区,其结构与性质与两侧体相均不同,通常称为界面或界面相,若气体为一相时,与气体接触的这种界面称为表面。把固体与气体的界面称为固体表面,液体与气体的界面称为液体表面。液体具有收缩其表面的性质,使液体自动收缩表面呈显球形的趋势,如荷叶上的水珠、玻璃板上的水银小球、滴药管缓慢流出的液滴都趋于球形,都是由于物质表面层的分子与体相中分子所处力场不同,液体特有的表面张力引起的吸附性现象。

在很早前,人们注意研究物质界面的现象,有关液体表面的研究先后利用和提出了许多不同的理论模型,如 18 世纪,Laplace 利用牛顿力学方法开创的分子之间力的计算,称之为"平均场近似",Laplace 方程在二百年的物理学历史中占有重要的地位;19 世纪 20 年代,Macleod 和 Sugden 提出的"结构加和法",将界面张力表达成相互平衡液-气密度之差的简单函数关系;1908 年由 Vander Waals 首次提出密度梯度理论,认为气-液界面区域组分密度分布是连续变化的,后得到了 Cahn 和 Hilliard 的进一步证实;在此基础上发展了微扰理论,以及吉布斯(Gibbs)理论与方程等等,形成了研究界面张力重要的理论与方法,随着科学技术的飞速进步,在不断深入研究中取得了许多丰硕的成果。

### 1. 基本概念

物质表面层分子与内部分子相比,它们所处的环境不同。体相内部分子所受四周邻近相同分子的作用力是对称的,各个方向的力彼此抵消;而处在界面层的分子,一方面受到体相内部相同物质分子的作用,另一方面受到性质不同的另一相中物质分子的作用,其作用力大小不同不能完全相互抵消,这样界面层就显示出一些特有的性质。对于单组分系统,这种特性主要因为来自于同一物质在不同相中的密度不同;对于多组分系统,则特性因为来自于界面层的组成与任一相的组成均不相同。如:液体表面张力有相互吸引的倾向。严格地说,液体表面应是液体与饱和蒸汽之间的界面,习惯上把液体与空气的界面称为液体的表面,把液体与空气的界面张力称为液体表面张力。液体与另一种不相混溶的液体接触,其界面产生的力称为液相与液相间的界面张力。液体与固体表面接触,其界面产生的力称为液-固界面张力。液体的表面张力,就是液体表面的自由能。表面张力是由液体分子间很大的内聚力引起的。处于液体表面层中的分子比液体内部稀疏,液体内部分子所受的力可以彼此抵消,但表面分子受到体相分子的拉力大,受到气相分子的拉力小,结果表面分子受到了被拉入体相(指向液体内部)的力的作用。这种作用力使液体表面犹如张紧的橡皮膜,有自动收缩到最小的趋势,从而使液体尽可能地缩小它的表面面积。球形是一定体积下具有最小的表面积的几何形体,使表面显示出一些独特性质,具有表面张力、表面吸附、毛细现象、过饱和状态等,在表面张力的作用下,液滴总是力图保持球形,这就是树叶上的水滴接近球形的原因。

物质表面层的分子与体相中分子所处的力场是不同的。以气-液表面分子与内部分子受力情况为例,如图 10.1 所示。液体内部的任一分子,皆处于同类分子的包围之中,平均来看,该分子与周围分子间的吸引力是球形对称的,各个方向上的力彼此抵消,其合力为零。然而表面层的分子处于不对称的环境中,液体内部分子对它的吸引力,远远大于液面上蒸气分子对于它的吸引力,使表面分子受到指向液体内部的合力,因而液体表面的分子总是趋向移往液体内部,力图缩小表面积。

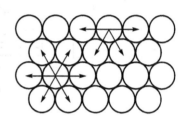

图 10.1 液体表面分子与内部分子受力情况差别示意图

所以液体表面如同一层绷紧了的富有弹性的橡皮膜,这即是为什么小液滴总是呈球形,肥皂泡用力吹变大的原因,因为球形表面积最小,扩大表面积需要对系统做功。

**2. 界面张力测量原理与方法**

液体的内部任何分子周围的吸引力是平衡的。在液体表面层中,每个分子都受到垂直于液面并指向液体内部的不平衡力。这种吸引力使表面分子向内挤促成液体的最小面积。如图 10.1 所示。要增大液体的表面积就必须要反抗分子的内向力而做功,从而增加了分子的位能。所以,在表面层的分子比在液体内部的分子有较大的位能,这种位能就是液体的表面自由能。通常把增大一平方米表面所需的最大功或增大一平方米所引起的表面自由能的变化值称为单位表面的表面能,其单位为 $J \cdot m^{-2}$。把液体限制其表面及力图使它收缩的单位直线长度上所作用的力,称为表面张力,其单位是 $N \cdot m^{-1}$。液体单位表面的表面能和它的表面张力在数值上是相等的。气液二相中,由于液体及其饱和蒸气分子的密度差异,使液体表面与本体相内的分子受力情况不同。

直接测量液体表面张力的方法有很多,如拉环法、拉板法、毛细管上升法、滴重法、最大泡压法、静态法、迪努伊环法、悬滴法、弯月面下降法等。本节主要论述拉板法和拉环法。

铂金板法(拉板法)测量的是液体的界面(或表面)张力的平衡值,如图 10.2 所示,铂金环法测试的是液体的界面(或表面)的最大值。比较铂金板法和铂金环法,其优缺点如下:

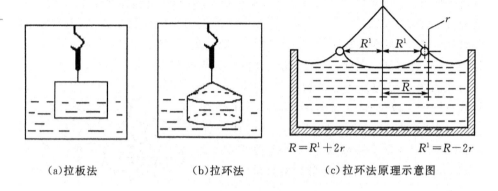

(a)拉板法　　　　　(b)拉环法　　　　(c)拉环法原理示意图

$$R = R^1 + 2r \qquad\qquad R^1 = R - 2r$$

图 10.2　界面张力测量原理图

(1)铂金板法可测量液体界面(或表面)张力随时间的变化,铂金板法测量时是一直接触被测液体的,只要液体界面(表面)张力发生变化,测试值就会有变化,如果选用数据处理软件还可观测界面(表面)张力随时间的变化曲线。

(2)铂金板法可方便地测量中高粘度液体的表面张力,铂金环法测试时需要铂金环向上提升,在此过程中除了表面张力的作用外还有粘力作用。

(3)铂金板法测试精度高,铂金板不易变形,铂金环容易变形。圆环的不规则、不平整影响界面(表面)张力的测试精度。

(4)铂金板法使用方便,铂金板测试值就是表面张力值,不需要进行换算;而铂金环测试的是最大值,需要进行换算求出。铂金板清洗也比较方便,不易变形。随着科技水平的不断发展,对界面/表面张力仪的测试技术也不断更新,如带有"准确性自动校正功能"、"温度自动补偿功能"等,提高了仪器的测试精度,缩短了测试时间,节省了人力和物力。

铂金板法的应用历史约有三十年左右,铂金板法是用 24mm×10mm×0.1mm 的铂金板,表面进行喷砂粗化处理后能够更好地与被测液体润湿。测试时将铂金板轻轻地接触到液体界面(或表面),由于液体表面张力的作用会将铂金板往下拉,当液体的表面张力及其他相关的力与仪器测试的反向的力达到平衡时,测试值就稳定不变,如果是蒸馏水、乙醇等纯物质,整个测试过程最快只有几秒钟。用拉脱法测试表面张力时,如图10.2(a)所示,将一个周长为$l$的方形板(铂金传感器)浸入液体中拉出,依据拉力和周长的大小,可以计算出表面张力的大小,$F$为脱离力,$\gamma$为液体的表面张力,$l$为周长,由于方形板有两个面,因此,表面张力、脱离力和周长的关系式如下:

$$F = 2\gamma l \tag{10.1}$$

则表面张力为
$$\gamma = F/2l \tag{10.2}$$

式中　$F$——拉脱力,N;

$l$——铂金传感器周长,m;

$\gamma$——液体表面张力,N/m。

铂金环法(拉环法)是一种传统的测试方法,其方法如图10.2(b)所示,原理如图10.2(c)所示,从发明到现在有大约70多年的时间。它是用直径0.37mm的铂金丝做成周长为60mm的环。测试时先将铂金环浸入两种不相容液体的界面(或液面)下2~3mm,然后再慢慢将铂金环向上提,环与液面会形成一个膜。膜对铂金环会有一个向下拉的力,测量整个铂金环上提过程中膜对环所作用的最大值,再换算成真正的界面(表面)张力值。由于这种方法测试起来比较麻烦,测试误差也比较大,已迅速的被铂金板法所取代。

欲使浸在液面上的金属环脱离液面,其所需的最大拉力$p$,等于吊环自身重量$W$加上表面张力$\gamma$与被脱离液面周长的乘积。

$$\begin{aligned} P &= W_{吊} + 2\pi R'\gamma + 2\pi(R' + 2r)\gamma \\ &= W_{吊} + 4\pi R\gamma \end{aligned} \tag{10.3}$$

令表面作用力:

则
$$F = P - W_{吊} \tag{10.4}$$

$$F = P - W_{吊} = 4\pi R\gamma \tag{10.5}$$

$$\gamma = \frac{F}{4\pi R} \tag{10.6}$$

式中　$P$——最大拉力,N;

$F$——拉脱力,N;

$R$——吊环半径,m;

$r$——液体界面张力,N/m。

$F$为脱离力,$R$为拉环的半径。拉环法测量误差大,最大可以达到25%,可以用修正系数进行校正,而K100C型表面张力仪测量的数据就是经过测试和软件系统修正后的数据。

# 10.2　K100C型表面张力测量仪

## 1. 性能指标

K100C表面张力仪的性能参数如表10.1所示。

表 10.1　K100C型表面张力测量仪参数

| 电源 | 50Hz、220V、40W | 样品容器 | 70mm |
|------|----------------|----------|------|
| 测量范围 | 1～1000mN/m | 位移范围 | 大于110mm |
| 灵敏度 | 0.01mN/m | 位移灵敏度 | 20$\mu$m |
| 重量范围 | 120g 分辨率 100$\mu$g | 位移速度 | 0.09～500mm/min |

## 2. 用途

K100C型是测量界面张力应用非常广泛的仪器,如图10.3所示,其测量结果准确、精度高、测量速度快、控制灵活、应用方便、界面友好。不仅可以用于液体的表面张力、液-液界面张力、动态接触角、表面活性剂的临界胶束浓度的测量,还可以进行液体和固体密度的测量,沉淀速度和阻尼的测量。

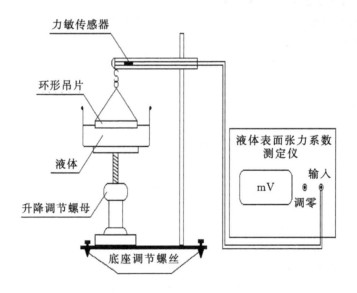

图 10.3　液体表面张力测定装置示意图

## 3. 操作程序与注意事项

(1) 准备

用石油醚清洗全部玻璃器皿,接着分别用丁酮和水清洗,再用热的铬酸洗液浸洗,以除去油污,最后用水及蒸馏水冲洗干净。

在石油醚中清洗铂丝圆环,接着用丁酮漂洗,然后酒精灯灼烧至变红,以去除铂金板上的表面活性物质,将铂金板(或铂金环)用去离子水冲洗。

(2)操作程序

①准备好待测试样及用具;选择测试方法和测试传感器;按要求将试样装入测试容器。

②放置好测试容器;安装好测试传感器;打开仪器开关;打开控制板的 ON/OFF 开关。

③用上下调试控制盘调好和定好测试容器位置。

④打开计算机电源;点击仪器操作软件界面,在文件下,建立自己的实验方法和文件夹;双击自己选中建立的实验方法;等待实验进行和结束,观察实验曲线。

⑤测量结束后,导出实验数据和实验曲线;关闭测试操作界面;关闭计算机和仪器电源;卸下测试传感器和样品容器;清洗传感器和样品容器,烘干后交给管理员放好。

(3)软件操作

测试表面张力步骤如下:

①双击软件,显示操作界面。

②点击 Surface and interfacial tension。

③将铂金板放在酒精灯上烘烧后,在仪器的对应位置按挂好。

④将待测样品装入试验专用杯,放进主机样品台上。

⑤转动 Drive control,调整 UP 或 DOWN 方向,升高或降低样品台,靠近铂金板 1mm 为好。

⑥选择菜单上 New measurement→SFT→Plate,显示选择框。

⑦在 Measurement Name 选择框内输入实验名称,在 Liquid Phase Name 中输入液体名称,点击 OK 按钮。

⑧点击软件上"▶"开始实验。

⑨实验结束,缓慢下降样品台,取出板,烧红除去杂质。

测试界面张力步骤如下:

①先向样品杯中装入 80% 的低密度液体,放进仪器样品台上,调节样品台。靠近铂金板。点击鼠标右键,在弹出菜单,选择 New measurement→IFT→Plate,Low Density Liquid Phase Name 和 High Density Liquid Phase Name,在选择框中点击样品名,点击 OK 按钮,点击软件的"▶"开始实验。

②低密度液体的浮力测定完成后,清洗灼烧铂金板。

③取出和倒掉样品,清洗样品杯,倒入高密度液体。

④调节样品台,点击确定,待高密度液体侵入板 2mm 时,将低密度液体倒入,直至液体完全浸没板到达板的上边缘为止。

⑤其余操作步骤同表面张力测定(板法)。

测试接触角(板法)步骤如下:

①按上述操作步骤测定待测液体的表面张力。

②测定片状固体的长度、宽度和高度后,固定在样品台的相应位置。

③双击 Contact Angle,在 Project in Database File 里选择相应的文件夹,点击右键,选择 New Measurement,出现下拉菜单,在菜单下选择 Contact Angle→Plate,出现 Contact Angle Measurement[NEW]界面。

④在 Measurement Name 框内输入实验名称,点击 Solid,输入薄片状固体的名称(name)、几何形状(geometry)及长度、高度和厚度。

⑤在 Liquid Phase Name 中输入待测样品名,点击 General,输入样品密度(density)和表面张力(SFT)。

⑥点击 Online CA,在 Online Contact Angle 的选择框点击选中。点击 OK 按钮,点击开始按钮,实验进行。

⑦实验结束后,清洗用具。

⑧将板或环交设备管理人员保管。

**思考题**

① 液体表面张力产生的原因是什么?

② 液体表面张力的方向是什么?

③ 影响界面张力的主要因素是什么?

④ 绝缘油老化前后的界面张力如何变化?

# 第11章 粉体粒度的测量与分析

## 11.1 概述

粉体(powder)材料及其产品广泛的应用于人们的日常生活、工业化生产、国防建设、科学技术等多种领域中,特别在制药、化工、冶金、电工、电子、机械、轻工、建筑、航空航天及环保等行业,超细粉体材料的影响作用,越来越突显出测试和控制粉体材料粒度及其粒度分布的重要性。例如,药物的粒度影响其效用,颜料的粒度决定其着色能力,冶金粉末粒度影响烧结能力,石蜡的粒度决定作为添加剂加入油墨后油墨的书写流利程度,荧光粉粒度决定电视机屏幕、计算机显视器等的显示亮度和清晰度,电工陶瓷原料和坯料的粒度及粒度分布影响其产品的工艺性、力学性能、电气性能和理化性能、甚至于影响电力输送系统的安全性,抗菌粉体的粒度决定添加进纺织品后纺丝的效果,水泥粒度决定水泥的凝结时间,细度影响其强度,有些催化剂的粒度也会决定其催化活性,食用白砂糖的粒度分布会影响其晶体群的质量、颗粒粒度影响食品的味感,大气环境中的灰尘颗粒粒度影响人们的健康等等,表明粉体材料的粒度和人们的生活密切相关,随着科学技术的迅速发展,粉体材料工业会成为未来最重要的基础产业之一。

### 1. 粉体颗粒的特性

粉体材料的许多重要特性是由组成粉体的基本单元——颗粒(fine particle)决定的。颗粒是具有一定尺寸和形状的微小物体,虽然它宏观很小,但微观却包含着大量的分子、原子。颗粒的表征用大小和形状表示,把颗粒的大小称为颗粒的粒度,粒度的大小用"粒径"或者"直径"表示。

颗粒大小分级表示为:纳米颗粒 $1\sim100$ nm、亚微米颗粒 $0.1\sim1$ $\mu m$、微粒或微粉颗粒 $1\sim100$ $\mu m$、细粉颗粒 $100\sim1000$ $\mu m$、粗粉颗粒为大于 1 mm。

粒度代表了粉体材料颗粒的粗细程度。颗粒的特性包括粒度、粒度分布、颗粒形状、孔隙度、电势数值和比表面积等。一般以最大粒径、最小粒径、平均粒径或比表面积(平方米/克)等来表示,也可以用能反映出一系列不同粒径颗粒分别占粉体总量的百分比——称为粒度分布的表示。粒度分布的常用表达方法有数量分布与体积分布。颗粒的平均粒度及粒度分布是决定粉体材料物理特性最主要的两个参数,一般材料的粒度越细,则其平均粒径越小,比表面积越大,材料的活性也较大。

由于实际颗粒的形状通常为非球形的，如长条针形状、片形状等，有任意形状的，难以直接用直径表示其大小，因此在颗粒粒度测试领域，对非球形颗粒，通常以等效粒径（一般简称粒径）来表征颗粒的粒径。

等效粒径是指当一个颗粒的某一物理特性与同质球形颗粒相同或相近时，就用该球形颗粒的直径代表这个实际颗粒的直径。

等效体积径是指与所测试颗粒具有相同体积的同质球形颗粒的直径。如激光粒度测试法所测得粒径一般认为是等效体积径。

等效沉速粒径是与所测颗粒具有相同沉降速度的同质球形颗粒的直径。

重力沉降法、离心沉降法所测的粒径为等效沉速粒径，也叫 Stokes 粒径。

等效电阻粒径是在一定条件下与所测颗粒具有相同电阻的同质球形颗粒的直径。库尔特法所测的粒径就是等效电阻粒径。

等效投影面积粒径是与所测颗粒具有相同的投影面积的球形颗粒的直径。

图像法所测的粒径为等效投影面积直径。

**2. 颗粒粒度的表征**

粒度测试是通过特定的粒度仪器或方法对粉体粒度特性进行表征的一项实验工作。现用的所有粒度测量手段给出的粒径都是等效粒径。因此除了球形颗粒以外，测试结果同仪器原理有关，或者说同"等效"所参照的物理参数或物理行为有关。

仪器原理不同，一般来说测试结果是不同的。只有当颗粒是球形时，不同原理仪器的结果才可能相同，目前所说的粒度测试，测试结果均是用等效球体来表示的。这是目前几乎所有粒度测试仪器和方法的基本原理。

粒度测试的平均粒径是表示颗粒平均大小的数据。有很多不同的平均值的算法，根据不同的仪器所测量的粒度分布，有平均粒径分布、体积平均径、面积平均径、长度平均径、数量平均径等。D50 是指（或称）中位粒径或中值粒径，这是一个常用来表示粒度大小的典型值，该值准确地将总体划分为两等份，也就是说有 50% 的颗粒超过此值，有 50% 的颗粒低于此值。如果一个样品的 D50＝$10\mu m$，说明在组成该样品的所有粒径的颗粒中，大于 $10\mu m$ 的颗粒占 50%，小于 $10\mu m$ 的颗粒也占 50%。粒度测试时需分成大小若干粒径区间。每个粒径区间内颗粒的相对含量的一系列百分数，称为频率分布；小于某粒径的相对含量的一系列百分数称为累计分布。累计分布是由频率分布累加得到的，最频粒径是频率分布曲线的最高点对应的粒径值。D97 是指一个样品的累计粒度分布数达到 97% 时所对应的粒径，它的物理意义是粒径小于它的颗粒占 97%。这是一个被广泛应用的表示粉体粗端粒度指标的数据。粒度表示有表格法（见表 11.1）和直方图与曲线图法（见图 11.1）。

表 11.1　粒度分布

| 粒度/μm | 频率分布/% | |
|---------|-----------|-----------|
| | 质量分数 | 个体百分数 |
| <20 | 6.5 | 19.5 |
| 20~25 | 15.8 | 25.8 |
| 25~30 | 23.2 | 24.1 |
| 30~35 | 23.9 | 17.2 |
| 35~40 | 14.3 | 7.6 |
| 40~45 | 8.8 | 3.6 |
| >45 | 7.5 | 2.4 |

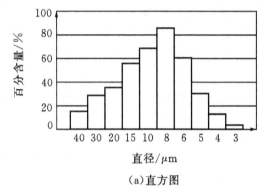

（a）直方图

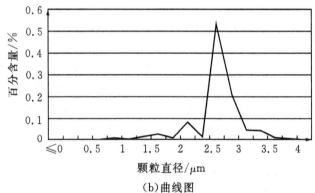

（b）曲线图

图 11.1　粒度分布表示方法图

①表格法:用列表的方式给出某些粒径所对应的百分比的表示方法。有区间分布和累计分布;

②图形法:用直方图和曲线等图形方式表示粒度分布的方法;

③函数法:用函数表示粒度分布的方法。常见有 R－R 分布、正态分布等。

### 3. 粒度测量方法

粉体颗粒粒度是粉体材料的主要指标之一,其中粒度和粒度分布是最重要的特性。有关粉体颗粒粒度的测量技术受到了人们普遍的重视,已经逐渐发展为应用比较多的一类测试技术,成为当代测量学中的又一个重要分支。现在,测定颗粒粒度的方法有很多,国际与国内研制和生产的基于不同工作原理的测量装置多达数百或上千种,并且不断有新的颗粒粒度测量方法和测量仪器研究成功。较为传统的颗粒测量方法有筛分法、显微镜法、电镜法、沉降法、超声波法、透气法、电感应法和光学技术测试法,以及陆续出现的 X 射线小角散射法、电阻法、光散射法、电泳法、费氏法等。近年来新发展的方法有激光衍射法,在显微镜法基础上发展的计算机图像分析技术,基于颗粒布朗运动的激光粒度测量法及质谱法等。测量粒度和粒度分布的方法及仪器有许多种,如何选择测量方法和测试仪器,要根据粉体的材质情况、粒度范围、颗粒形态、测试目的以及用途等不同要求而确定,主要依据有以下一些方面:

①粉体颗粒粒度范围和仪器测试范围:测试范围是指粒度仪测试上限和下限之间所包含的区域实际样品的粒度范围,物质颗粒的粒度范围最好能在仪器测量范围的中段,测试范围需要留有一定的余量。

②测试方法本身的精度和重复性:重复性是仪器测试优劣的主要指标。通过实际测量的方法来检验仪器的重复性和真实可靠性。比较重复性时一般采用 D10、D50、D90 三个数值。

③测试方式和用途:要求测量粒度分布还是仅仅测量平均粒度,用于常规还是特殊研究的检验。不同粒度仪的性能各有所长,可以根据不同的需要选择更适合的仪器。如用于常规检验,应选择的方法快速、可靠、设备经济、操作方便;而测试量多的和样品种类多的,就要选用激光法粒度仪,测试量少的和样品单一的可以选择沉降法粒度仪,需要了解颗粒形貌及其他特殊指标可选用图像仪等。

④取样问题。如样品数量、取样方法、分散剂、样品分散难易程度、样品是否有代表性等。

⑤颗粒物质本身的性质以及颗粒物质的应用场合。由于粒度测试的特殊性,不同粒度仪的测试结果往往会有偏差。为减少不必要的麻烦,应选用与物质特性和应用比较符合的粒度仪。普遍采用的粉体粒度测试方法和测试范围如表 11.2 所示。

表 11.2　粉体粒度测试方法与范围

| 分类 | | 主要设备 | 测定范围/$\mu$m | 举例 |
|---|---|---|---|---|
| 筛分法 | | 标准筛 | ＞30 | 利用孔径不同的筛子对颗粒进行筛分，作出细度分布曲线定出颗粒的几何粒径。 |
| 沉降法 | 液相法 | 压力计 | 5～100 | 利用直径不同的颗粒悬浮在液体和气体中沉降时所需的时间不同,测出颗粒的细度分布曲线,一般用颗粒的有效面积表示。 |
| | | 天平 | 2～100 | |
| | | 光电池 | 0.5～100 | |
| | | 比重计 | 5～100 | |
| | | 离心沉降器 | 0.05～10 | |
| | 气相法 | 自动天平 | 0.1～200 | |
| 比表面法 | | 透气装置 | 0.5～100 | 用所测比表面积计算出颗粒平均粒径 |
| | | 吸附装置 | 0.001～10 | |
| 显微镜法 | | 光学显微镜 | 0.1～2000 | 用显微标尺直接测出个别颗粒的几何粒径 |
| | | 扫描电子显微镜 | 0.01～10 | |
| | | 电子显微镜 | 0.005～5 | |
| X 射线法 | | 小角度散射 X 衍射仪 | 0.001～0.1 | 在 X 射线衍射分析后计算出颗粒平均粒径 |

　　常用的粒度测量方法有筛分法、显微镜法和沉降法。

　　(1)筛分法

　　筛分法( sieving analysis)是根据颗粒尺寸大小的不同借助人工或不同的机械振动装置,将颗粒样品通过一系列具有不同筛孔直径的标准筛(即筛系),分离成若干个粒级,再分别称重,结果是质量对应筛网目数的分布,然后求得以质量分数表示的颗粒粒度分布,筛分法适用于测量粒度为 $30\mu$m 以上的颗粒。按不同的标准有不同的筛分法,国际上通行的筛系有国际标准化组织的 ISO 筛系,也有美国TYLES 筛分法和 ASTM 筛分法、日本 J IS 筛分法、英国 BS 筛分法等。

　　筛分法是粒度测定方法中最通用、历史最长的一种方法,筛分法技术具有设备简单、成本低、易于操作实行、筛分粒径最小可达 $5\mu$m,最大粒径没有上限,结果直观,代表性强的优点。筛分法的缺点是在筛分操作过程中,颗粒有可能破损或断裂,非球形的颗粒通过筛子容易造成测量误差。特别不适合测定长形针状或片状颗粒的粒度,以及含有结合水的颗粒粒度测量。筛分不能区别样品的密度和折射指数率等性能,所得结果重现性差,难于测量粘结及团聚的物料。筛分法分为干筛法和湿筛法。干筛法需要注意防止颗粒团聚,可使用手摇、磁力电动机械或超声振动等方法加强样品的分散;湿筛法常用于液体中的颗粒物质或筛分时容易团聚的细粉料,脆性粉料最好也使用湿筛法。筛分法的网孔尺寸的均匀性和筛网的磨损程度也会影响筛分法的测试结果,网孔不均匀、尺寸大小不一,会导致测试结果精度不足;网布松弛、网眼变小,会导致测试结果偏细,筛分法的测试结果也易受到环境温度、操作手法等因素的影响。筛分法主要适用于样品量大、大颗粒粉体粒度的测试。常用筛目数与微米对照参考值如表 11.3 所示。

表 11.3　筛目数与微米对照参考值

| 目数 | 100 | 150 | 200 | 325 | 400 | 600 | 800 | 1000 | 1250 | 2500 | 5000 | 10000 | 12000 |
|---|---|---|---|---|---|---|---|---|---|---|---|---|---|
| $\mu m$ | 150 | 100 | 75 | 45 | 38 | 23 | 18 | 13 | 10 | 5 | 2.5 | 1.3 | 1 |

(2)显微镜法

显微镜法(microscopy)是利用显微镜直接观察颗粒的大小和形状,测量颗粒的表观粒度,即颗粒的投影尺寸,是测定粉体颗粒粒度的另一种常用方法。这种方法不仅可以测试粒度,而且还能判断颗粒分散的程度,是否存在团聚现象,以及校准其他测试方法所获得的数据。具有简单方便、测量费用低、直观性强的优点。显微镜法是测量混合颗粒粒度最好的一种方法,可用来观察和测试颗粒的形貌。所测的粒径为等效投影面积径,计算出长度平均径。缺点是检查的颗粒比较少,代表性差,不能测量超细颗粒,无法全面地反映检测粉体粒度分布的概况,适合测试粒度分布范围较窄的样品。显微镜法有光学显微镜法和电子显微镜法(如扫描电子显微镜 SEM 和透射电子显微镜 TEM 等),二者的测定原理均是计数,即数出不同粒径区间的颗粒个数得到粒度分布。由于这种方法单次所测到的颗粒个数较少,对同一个样品可以通过更换视场的方法进行多次测量来提高测试结果的真实性。除了进行粒度测试之外,由于分辨率不同,光学显微镜主要用于微米颗粒粒度的测试,而电子显微镜主要用于亚微米和纳米颗粒粒度的测试,电子显微镜样品的制备很复杂,检测时间长,检测范围小,重复性差,但结果是最直观的。

电子显微镜的基本工作原理是将显微镜放大后的颗粒图像通过摄像头和图形采集卡传输到计算机中,由计算机对这些图像进行边缘识别等处理,计算出每个颗粒的投影面积,根据等效投影面积原理得出每个颗粒的粒径,再统计出所设定的粒径区间的颗粒的数量,就可以计算出粒度的平均粒径,由于混合颗粒中每种组分的粒度组成与其平均粒度、颗粒形状以及组分的密度有关,相比同组分的颗粒情况,粒度的计算应更加复杂;而且电子显微镜对制样的要求高、操作复杂、易受人为因素的影响、成本较高。随着计算机技术的发展,显微镜法的重要发展是出现了颗粒图像分析仪,它通过对图像光学投影尺寸的定量测量,来求知图像的原始性质,如图像的大小、分布及比表面积等。图像处理方法可靠性高,只要保证粉体中的颗粒形貌清晰,颗粒之间无团聚和聚集现象,则分析结果准确,测试效率高。图像处理方法既可直接测试粉体的粒度分布,也可作为其他粒度仪器测试可靠性的评价参考方法。目前应用较多的为静态图像分析仪,其样品制备困难,样品在载玻片上很难得到充分分散;视野有限,对颗粒采集数目和大小有许多限制。动态颗粒图像分析仪,采用超声分散系统分散颗粒,高速摄像头对动态颗粒图像进行迅速采集,大大提高了采样代表性,减少了误差,解决了颗粒聚集问题。

颗粒图像处理仪,将颗粒分布显示在计算机显示器上,颗粒观察直观,有一定的统一性。光学显微镜测定范围 $0.8\sim150\mu m$,大于 $150\mu m$ 用简单放大镜观察。小于 $0.8\mu m$ 用电子显微镜观察,透射电子显微镜用于观察 $0.001\sim5\mu m$ 的颗粒。用电子显微镜对超细颗粒形貌进行观察时,由于颗粒间存在范德华力和库仑力,颗粒极易团聚,给颗粒粒度测量带来困难,需要选用分散剂或适当的操作方法对颗粒进行分散。传统的显微镜法测定颗粒粒度分布时,通常采用显微拍照法将大量颗粒试样照相,人工根据所得的显微照片进行颗粒粒度的分析统计。测量结果影响因素大,精度不高,费力费时,容易出错。现在采用计算机综合图像分析技术,如扫描图像和探针图像,对颗粒粒度自动测量分析统计的结果,被认为是最接近实际粒度分布的一种测试技术。

(3)沉降法

沉降法(sedimentation size analysis)是依据粉粒在液体介质中的不同粒径具有不同的沉降速度和时间来进行测定的一种方法。具有一定粘度的粉体悬浊液,大小不等的颗粒自由沉降时,其速度是不同的,颗粒越大沉降速度越快。如果大小不同的颗粒从同一起点高度同时沉降,经过一定距离(时间)后,就能将粉体颗粒按粒度差别区分开来。

沉降法的原理是基于颗粒处于悬浮体系时,颗粒本身重力(或所受离心力)、所受浮力和粘滞阻力三者来实施测定的,服从斯托克斯定律,当三个力平衡时,颗粒在悬浮体系中以恒定速度沉降,沉降速度与粒度大小的平方成正比。沉降法分为重力沉降法和离心沉降法两种,在重力沉降中颗粒越细,沉降速度越慢。

在重力沉降状态下,粒径与沉降速度的关系如下:

$$V = \frac{(\rho_s - \rho_f)g}{18\eta}D^2 \tag{11.1}$$

式中　$V$——颗粒的沉降速度，m/s；

　　　$\rho_s$——颗粒密度，kg/m³；

　　　$\rho_f$——液体密度，kg/m³；

　　　$g$——重力加速度，m/s²；

　　　$\eta$——液体粘度，Pa·s；

　　　$D$——颗粒直径，m。

在离心状态下粒径与沉降速度的关系如下：

$$V_C = \frac{(\rho_s - \rho_f)\omega^2 r}{18\eta}D^2 \tag{11.2}$$

式中　$V_C$——颗粒离心状态下的沉降速度，m/s；

　　　$\omega$——离心机角速度，rad/s；

　　　$r$——颗粒到轴心的距离，m。

由(11.1)式可以计算出某一时刻颗粒的直径。根据离心状态下的斯托克斯定律，由于离心机转速较高，$\omega^2 r$ 远远大于重力加速度 $g$，因此同一个颗粒在离心状态下的沉降速度 $V_C$ 将远远大于重力状态下的沉降速度 $V$，这就是离心沉降可以缩短测试时间的原因。

沉降法粒度测试原理——比尔定律：从斯托克斯定律可知，只要测到颗粒的沉降速度，就可以得到该颗粒的粒径了。在实际测量过程中，直接测量颗粒沉降速度是很困难的，因此在沉降法粒度测试过程中，常常用透过悬浮液光强的变化率来间接地反映颗粒的沉降速度。根据朗伯-比尔定律：

$$A = \lg(I_0/I_i) = abC \tag{11.3}$$

式中　$A$——吸光度，无单位；

　　　$I_0$——入射光强度，cd；

　　　$I_i$——透射光强度，cd；

　　　$a$——吸光系数，L·g⁻¹·cm⁻¹；

　　　$b$——光程长度(液层厚度)，cm；

　　　$C$——溶液的浓度，g·L⁻¹。

根据斯托克斯和比尔定律，可以推导得出某时刻的光强与粒径之间的数量关系：

$$\lg(I_i) = \lg(I_0) - k\int_0^\infty n(D)D^2\,dD \tag{11.4}$$

式中　$I_0$——0 时刻的光强，cd；

　　　$I_i$——$i$ 时刻的光强，cd；

　　　$K$——溶液的吸光系数，L·g⁻¹·cm⁻¹；

$n$——溶液的浓度,$g \cdot L^{-1}$;

$D$——颗粒直径,cm。

这样就可以通过测试某时刻的光强来得到光强的变化率,再通过计算机的处理就可以得到粒度分布了。

采用沉降法测定颗粒粒度需要满足的几个条件:颗粒近似于球形,能够完全被液体润湿,颗粒在悬浮体系的沉降速度是缓慢和恒定的,达到恒定速度所需要的时间很短,颗粒在悬浮体系中的布朗运动不会干扰其沉降速度,颗粒间的相互作用不影响沉降过程。

重力沉降法适合粒度为 $2\sim100\mu m$ 的颗粒,离心沉降法适于粒度为 $0.01\sim20\mu m$ 的颗粒。重力沉降法的分析方法有很多种,包括均匀悬浮体增量法、比重计法、密度差天平法、消光沉降法、X 射线消光沉降法等。比较常用的是消光沉降法,不同粒度的颗粒在悬浮体系中沉降速度不同,同一时间颗粒沉降的深度不同,在不同深度处悬浮液的密度表现出不同变化,根据测量光束通过悬浮体系的光密度变化计算出颗粒粒度分布。

(4)其他几种测量方法

①射线小角散射法(SAXS)是发生在原光束零到几度范围内的相干散射现象,物质内部数十至千埃尺度电子密度的起伏是产生这种散射效应的根本原因。SAXS 技术可用来表征物质的长周期、准周期结构以及呈无规分布的纳米体系。广泛用于 $1\sim300$ nm 范围内的各种金属和非金属粉末粒度分布的测定。

②电感应法( clouter)采用电感应法测定颗粒粒度和数目,悬浮于电解质溶液中的颗粒通过横截面上施加有电压的一个小孔时,小孔两边的电容发生变化产生脉冲电压,脉冲电压振幅与颗粒的体积成正比。放大这些脉冲,经过筛算和数据处理可以获得颗粒的粒度分布。电感应法的测量下限一般在 $0.5\mu m$ 左右。

③质谱法(mass spectrometry):颗粒束质谱仪主要用于测量气溶胶中微小颗粒的粒度。其基本原理是测定颗粒动能和所带电荷的比率、颗粒速度和电荷数,从而获得颗粒质量,结合颗粒形状和密度可求得颗粒粒度的方法。

④电阻法(又叫库尔特法)是根据颗粒在通过一个小微孔的瞬间,占据了小微孔中的部分空间而排开了小微孔中的导电液体,使小微孔两端的电阻发生变化的原理测试粒度分布的。小孔两端的电阻的大小与颗粒的体积成正比。当不同大小的粒径颗粒连续通过小微孔时,小微孔的两端将连续产生不同大小的电阻信号,通过计算机对这些电阻信号进行处理就可以得到粒度分布了。用库尔特法进行粒度测试所用的介质通常是导电性能较好的生理盐水。

⑤电泳法(electrophoresis):在电场力作用下,带电颗粒在悬浮体系中定向迁移,颗粒迁移率的大小与颗粒粒度有关,通过测量其迁移率可以计算颗粒粒度。电

泳法可以测量小于 $1\mu m$ 的颗粒粒径,但只能获得平均粒度,难以进行粒度分布的测量。

⑥费氏法(fisher method)属于稳流(层流)状态下的气体透过法。在恒定压力下,空气先透过被测颗粒堆积体,然后通过可调节的针形阀流向大气。根据空气透过颗粒堆积体时所产生的阻力和流量可以求得颗粒的比表面积及平均粒度。费氏法是一种相对测量方法,测得的粒度称为费氏平均粒度,不能精确地反映颗粒的真实粒度,也不能和其他粒度测量方法所得结果进行比较,仅用来控制工艺过程和产品质量。

⑦光散射法(light scattering):当光束照射到颗粒上时,光向各个方向散射,并在颗粒背后产生瞬间阴影,照射光部分被颗粒吸收,部分产生衍射。光的散射和衍射与颗粒的粒度有一定关系,利用散射光强度分布或光能分布函数可以测定颗粒的尺寸分布特征。

# 11.2　SA-CP3 型粒度分析仪

### 1. 工作原理

SA-CP3 型粒度分析仪有四种测试方式。第一,粒子的自然重力作用下;第二,离心力作用下;第三,自然重力和离心力联合作用下;第四,离心力和悬浮力联合作用。其理论依据是当粉体材料按一定浓度加入到液体介质中制成均匀的悬浮液,悬浮液中的粉体颗粒会发生沉降。而且溶液里的悬浮粒子分散在介质中一方面受到重力或离心力作用下沉,同时也受到溶液介质的助力作用,当三个力相等时,粒子会匀速下沉,不同粒径颗粒的沉降速率是不一样的,大颗粒先沉降,小颗粒后沉降。由颗粒的沉降速率来测试颗粒的粒径,其沉降速率与颗粒的粒径和密度成正比,与介质的黏度成反比,其沉降过程符合斯托克斯定律。仪器通过粒子在沉降过程中溶液浓度的变化,根据比尔定律(见本章沉降法),用检测光强度的变化而达到检测粒子的浓度和粒度分布。测得的粒径也称为等效沉降速度粒径。该仪器具有操作简单,测量精度高,自动打印输出结果,并具有自诊断功能可自动检查系统的故障。

原理:依据斯托克斯的阻抗原理,利用均匀分散在溶液中粉体粒子的大小不同产生沉降的速度和时间不同,只要检测出从沉降最上面到某一规定的距离处,光学性悬浊液的浓度变化,测定开始沉降的时间到产生该浓度时的时间,便知道了产生其浓度变化粒子沉降的速度。SA-CP3 型粒度分析仪结构如图 11.2 所示。

### 2. SA-CP3 的主要技术参数

(1)测定方法:重力、离心力作用下的液相沉降法,光透过检测。

(2)测量范围:$0.02\sim500\mu m$。

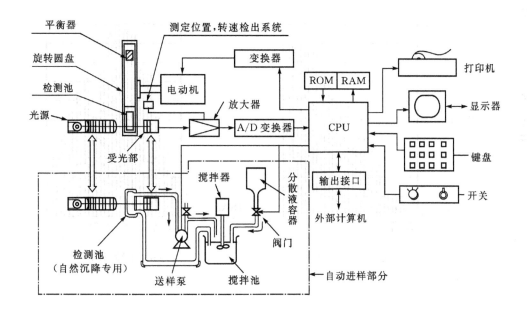

图 11.2　SA – CP3 型粒度分析仪结构示意图

（3）使用温度：15～35℃。

（4）测量方式：自然沉降（GRAV）、离心沉降（CENT）、自然与离心组合沉降（MULTI）、离心悬浮（LIFT）。

（5）悬浊液浓度：0.01～0.1wt％。

（6）转速范围：0～5000 r/min。

（7）测定结果内容：

①积分粒径分布（如图 11.3（a）所示）；

②微分粒径分布（如图 11.3（b）所示）；

③测定所需时间：根据设定的粒径；

④吸光度；

⑤比表面积；

⑥粒径平均值；

⑦任意％粒径。

**3. 悬浊液的配制过程**

粒度测定悬浊液的配制过程如图 11.4 所示，对待测粉体试样要进行充分的分散，使粉体均匀的分布在悬浊液中，然后才能进行测量。

**4. SA – CP3 型粒度分析仪操作规程**

（1）准备并配制试验所需的悬浮液；

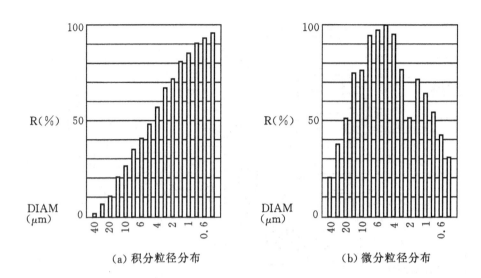

(a) 积分粒径分布　　　　　　(b) 微分粒径分布

图 11.3　粒径分布图

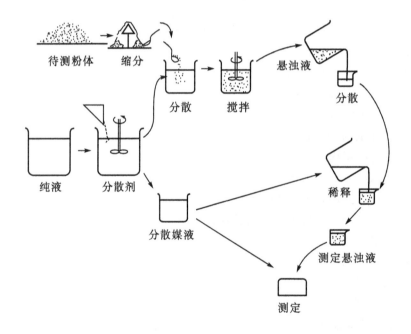

图 11.4　悬浊液配制过程示意图

(2)用悬浮液配制试样溶液；

(3)打开电源开关，自诊断完成后按 Go 显示测量状态；

(4)选择设置测量状态；

①选择输入沉降方式；

②选择输入沉降方式下的旋转速度；

③沉降深度。

(5)按 Go 键,继续设置试样测量状态(按 Enter 键输入)：

试样名称、试样编号、试样密度、分散剂密度(按 Function,输入天气温度)；

(6)按 Go 键,检查输入的信息完整；

(7)继续按 Go 键,显示粒子直径；

(8)用盛有纯悬浮液试样池进行调零,直到显示 0%；

(9)把试样池清理干净,再加入试样溶液,观察显示器的数据,保证该数在80～120范围内,若不是,应反复调整,调整后迅速关闭测试箱；

(10)按 Go 或 Yes 键开始测量,等待输出打印结果；

(11)试验完成后,关掉电源,清洗样品池,保持桌面及室内清洁。

**思考题**

① 粒度的概念及粒度的分布？

② 粒度的表示方法有哪些？粒度分布的表示方式有哪些？

③ 粒度测试分析的方法有哪些？各种方法的特点？

④ 沉降法测量粒度的影响因素？

⑤ 试讨论粒度与产品性能的关系。

# 第12章 纳米粒子和 Zeta 电位的测量

## 12.1 概　述

纳米科学和技术是在纳米尺度上(小于 100nm)研究物质(包括原子、分子)的特性和相互作用,纳米材料具有许多优良的特性,如:高比表面、高电导、高硬度、高磁化率等,以及利用这些特性的多学科的高科技技术,对于纳米材料来说,纳米颗粒有粒度、形貌、结构、成份四个方面的分析,其中颗粒大小和形状对材料的性能起着决定性的作用,因此,对纳米材料的颗粒大小和形状的表征和控制具有重要的意义。

Zeta 电位又叫电动电位或电动电势,由于分散粒子表面带有电荷而吸引周围的反号离子,这些反号离子在两相界面呈扩散状态分布而形成扩散双电层。当分散粒子在外电场的作用下,稳定与扩散层发生相对移动时的滑动面即是剪切面,该处对远离界面的流体中的某点的电位称为 Zeta 电位或电动电位。

Zeta 电位的重要意义在于它的数值与胶态分散的稳定性相关。Zeta 电位是对颗粒之间相互排斥或吸引力的强度的度量。分子或分散粒子越小,Zeta 电位(正或负)越高,体系越稳定,即溶解或分散可以抵抗聚集。反之,Zeta 电位(正或负)越低,越倾向于凝结或凝聚,即吸引力超过了排斥力,分散被破坏而发生凝结或凝聚。

Zeta 电位分析仪主要用于测量纳米粒子的粒径、Zeta 电位和分子量。

### 1. 光散射法

光散射(light scattering)粒度分析法是目前重要的材料粒度分析方法。光散射法粒度分析的理论模型是建立在颗粒为球形、单分散条件上的,而实际上被测颗粒多为不规则形状并呈多分散性。因此,颗粒的形状、粒径分布特性对最终粒度分析结果影响较大,而且颗粒形状越不规则、粒径分布越宽,分析结果的误差就越大。当光束照射到颗粒上时,光向各个方向散射,并在颗粒背后产生瞬间阴影,照射光部分被颗粒吸收,部分产生衍射。光的散射和衍射与颗粒的粒度有一定关系,利用散射光强度分布或光能分布函数可以测定颗粒的尺寸分布特征,对大多数粉体来说,颗粒尺寸分析取决于所处颗粒大小的范围和入射光的波长。光散射分为静态光散射和动态光散射两种,其中静态光散射(即时间平均散射)研究散射光的空间分布规律,动态光散射则研究散射光在某固定空间位置的强度随时间变化的规律。成熟的光散射理论主要有:费朗和费(Fraunhofer)衍射理论、菲涅耳(Fresnel)衍射理论、米(Mie)散射理论和瑞利(Royleigh)散射理论等。

(1)静态光散射法(static light scattering)

静态光散射法是光通过被测颗粒将出现弗朗和费(Fraunhofer)衍射,不同粒径的颗粒产生的衍射光所衍射角度的分布不同,根据激光通过颗粒后的衍射能量分布以及其相应的衍射角可计算出颗粒的粒径分布。颗粒尺寸越大,散射角度越小;颗粒尺寸越小,散射角度则越大。当颗粒粒径远远大于光波波长时的散射是衍射散射,其衍射规律符合 Fraunhofer 理论,因此,Fraunhofer 理论适用于颗径 $\mu m$～mm 的大颗粒粒度的测试。当颗粒粒径与光波波长相近时,要用 Mie 散射理论进行修正。Mic 散射理论适用于从亚微米到微米颗粒粒度的测试,Mic 理论考虑了样品和散射介质的光学参数,如折射率等,它的描述准确,但求解十分复杂,而且它对颗粒的球形度很敏感,所以对光学参数未知或非球形颗粒粒度的测试有一定的误差。静态光散射方法测量动态范围宽、适用性广,测量速度快、测量精度高、重现性好,且操作方便,不受环境温度的影响,不破坏样品,又能得到样品的体积平均粒径、比表面积平均粒径以及比表面积等值,可描述颗粒粒度的整体特征。缺点在于分辨率较低,不适于测试粒度分布范围很窄的样品。

在静态光散射粒度分析法中,当颗粒粒度大于光波波长时,可用弗朗和费衍射测量前向小角区域的散射光强度分布来确定颗粒粒度。当粒子尺寸与光波波长相近时,要用米散射理论进行修正,并利用角谱分析法。以菲涅耳衍射理论为指导实现颗粒粒度测量的原理是在近场(相对于弗朗和费衍射)探测衍射光的相关参数,并计算出粒度分布,该方法理论上是可行性的,可以实现激光粒度分析仪的小型化。1976 年,Swithenbank 等人首次提出了基于弗朗和费衍射理论的激光颗粒测量方法,该激光粒度仪的测量范围为 $3\sim1000\mu m$。激光衍射颗粒粒度分析仪主要由激光器、扩大镜、聚焦透镜、光电探测器和计算机组成,图 12.1 所示为激光衍射粒度分析仪的原理图。在图 12.1 中,来自 He-Ne 激光器中的一束狭窄光束经过扩大镜放大后,平行地照射在颗粒槽中的被测颗粒群上,由颗粒群产生的衍射光经聚焦透镜会聚后在其焦平面上形成衍射图,利用位于焦平面上的一种特制的环形光电探测器进行信号的光电变换,然后将来自光电检测器中的信号放大、A/D 变

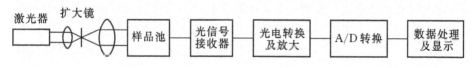

图 12.1　激光散射粒度分析仪原理框图

换、数据采集送入到计算机中,采用预先编制的优化程序对计算值与实测值相比较,即可快速地反推出颗粒群的尺寸分布。弗朗和费激光衍射法在测量颗粒粒度方面具有测量速度快、测量范围广、测量精度高、重复性好、适用对象广、不受被测颗粒折射率的影响、适于在线测量等优点。值得注意的是:只有被测颗粒粒径大于激光光波波长才能处理成弗朗和费衍射。虽然现在有弗朗和费衍射粒度仪能测定亚微米级颗粒粒度,但是由于存在多重衍射等问题导致测量结果误差较大。其优点如下:

①测量动态范围宽,适用性广,动态范围可达 1∶1000 ,动态范围是指仪器同时能测量的最小颗粒与最大颗粒之比;

②速度快,测量一个样品需用时间 1~2 min;

③精度高,重现性好;

④操作方便,不受环境温度的影响;

⑤不破坏样品,又能得到样品体积的分布。

缺点为:分辨率较低,不适于测量粒度分布范围很窄的样品。

(2)动态光散射法(dynamic light scattering)

动态光散射法,也称 PCS 法,其测试原理是建立在溶液中细微颗粒的布朗运动和动态光散射理论基础之上,当光束通过产生布朗运动的颗粒时,会散射出一定频率的散射光,散射光在空间某点形成干涉,该点光强的时间函数关系的衰减与颗粒粒径大小有一一对应的关系,即比尔定律。通过检查散射光的光强随时间的变化,并进行相关运算就可以得出颗粒的粒径大小。粒径越大,散射光强随机涨落速度越快。动态光散射获得的是颗粒的平均粒径,难以得出粒径分布参数。动态光散射法适用于亚微米到纳米颗粒粒度的测试。

当颗粒粒度小于光波波长时,依据瑞利散射理论,散射光相对强度的角分布与粒子大小无关,不能够通过对散射光强度的空间分布(即上述的静态光散射法)来确定颗粒粒度,动态光散射正好弥补了在这一粒度范围其他光散射测量手段的不足。

# 12.2　纳米粒子测量原理

物质的分子量是这种物质一个分子中所有原子的原子质量单位的重量。分子量可从物质的分子式用数学方法计算而得;它是构成分子的所有原子的原子量的总和。在应用中,知道聚合物的分子量,将有助于测定它们的许多物理特性,诸如密度、弹性和强度。

大多数液体含有离子,它们可能是负性或正性电荷原子,分别称为阴离子和阳离子。当带电粒子悬浮于液体中时,相反电荷的离子会被吸引到悬浮粒子表面。即带负电样品从液体中吸引阳离子;相反,带正电样品从液体中吸引阴离子。接近粒子表面的离子将会被牢固地吸附,而较远的则松散结合,形成所谓的扩散层。在扩散层内,有一个概念性边界:当粒子在液体中运动时,在此边界内的离子将与粒子一起运动,但此边界外的离子将停留在原处,这个边界称为滑动平面(slipping plane)。

在粒子表面和分散溶液本体之间存在电位,此电位随粒子表面的距离而变化,在滑动平面上的电位叫做 Zeta 电位。样品的 Zeta 电位大小决定液体中的粒子是稳定存在还是趋向于絮凝,即粘连在一起。因此,Zeta 电位应用于许多工业行业。Zeta 电位示意图如图 12.2 所示。

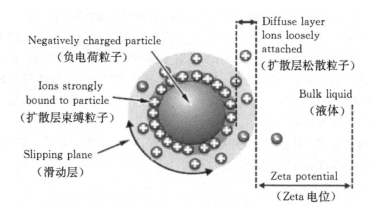

图 12.2　Zeta 电位示意图

纳米颗粒样品的粒度测试,实际操作是比较简单的,但要得到真实的粒度结果却是比较困难的,粒度测试的关键技术在于样品的分散。在进行粒度测试之前,必须选择适宜的分散介质(一般为水或乙醇)和分散剂(表面活性剂)制成分散悬浮液,并借助于搅拌、超声振荡等进行分散处理,使聚集颗粒分散为原始粒子,并使原始粒子在分散液中保持良好的分散状态,然后才能得到较为可靠的结果。

### 1. 纳米粒径的测量

激光(衍射)散射粒度分析仪利用动态光散射(DLS)的过程进行粒径测量。

动态光散射(也称为 PCS——光子相关光谱)测量布朗运动,并将此运动与粒径相关。这是通过用激光照射粒子,分析散射光的光强波动实现的。如果小粒子被光源如激光照射,粒子将在各个方向散射,如果将屏幕靠近粒子,屏幕即被散射光照亮。现在考虑以千万个粒子代替单个粒子。屏幕将出现千万个散射光斑。散射光斑由明亮和黑暗的区域组成,在黑暗区域不能监测到光。在光明亮区域,粒子散射光以同一相位到达屏幕,相互叠加相干涉形成亮斑。在黑暗区域,不同相位达到屏幕互相消减。

悬浮于液体中的粒子从来不是静止的。由于布朗运动,粒子不停地运动。布朗运动是由于与环绕粒子的分子随机碰撞引起的粒子运动。对 DLS 来说,布朗运动的一个重要特点是小粒子运动速度快,大颗粒运动缓慢。在 Stokes - Einstein 方程中定义了粒径与其布朗运动所致速度之间的关系。由于粒子在不停地运动,散射光斑也将出现移动。由于粒子四处运动,散射光的建设性和破坏性相位叠加,将引起光亮区域和黑暗区域呈光强方式增加和减少,或者光强是波动的。

激光(衍射)散射粒度分析仪测量了光强波动的速度,然后通过计算机计算出粒径。

**2. 分子量的测量**

激光(衍射)散射粒度分析仪利用静态光散射(SLS)的过程进行分子量测量。

静态光散射(SLS)是非侵入技术,用于取得溶液中的分子特征。以光源如激光照射样品中的粒子,静态光散射测试散射光的时间,获得平均光强,而不是测量依赖于散射光强度随时间的波动。对一系列样品浓度,累计测试其一段时间如 $10\sim30s$ 的散射光光强然后求其平均光强。这个平均光强与固有的信号波动无关,因此称为"静态光散射"。

通过测量不同浓度的样品,并应用瑞利方程,可以测量分子量。瑞利方程说明了溶液中粒子的散射光密度。瑞利方程为

$$\frac{KC}{R_\theta} = \left(\frac{1}{M} + 2A_2C\right)P(\theta) \tag{12.1}$$

式中　$R_\theta$(瑞利比)——样品散射光与入射光的比值;

　　　$M$ ——样品分子量,g/mol;

　　　$A_2$——第二维利系数;

　　　$C$ ——浓度,mol/L;

　　　$P(\theta)$——样品散射强度的角度依赖性;

　　　$K$ ——如下定义的光学常数。

$$K = \frac{2\pi^2}{\lambda_O^4 N_A}\left(n_O\frac{\mathrm{d}n}{\mathrm{d}C}\right)^2 \tag{12.2}$$

式中　$N_A$——Avogadro 常数;

　　　$\lambda_O$——激光波长;

　　　$n_O$——溶剂折射率。

　　　$\mathrm{d}n/\mathrm{d}C$——折射率微分增量。这是折射率随浓度变化的函数。对多数样品/溶剂组合,在文献中可以查到;而对新组合,运用微分折射计可以测量 $\mathrm{d}n/\mathrm{d}C$。

在瑞利方程式中，$P(\theta)$一项包含了样品散射光强的角度依赖性。角度依赖性源于同一粒子上不同位置散射光的相干加强和相干减弱，如图12.3所示。现在，这种称为米氏散射，当粒子足够大而产生多重光子散射时即发生。

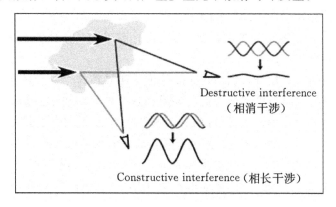

图 12.3　米氏散射

但当溶液中粒子比入射光波长小很多时，多重光子散射则可以避免。在这些情况下，$P$ 将降至1，散射光强丧失了角度依赖性。这种类型的散射称为瑞利散射。

瑞利散射方程为：

$$\frac{KC}{R_{\theta}} = \left(\frac{1}{M} + 2A_2C\right) \tag{12.3}$$

因此，我们可以规定，如果粒子较小，可假定为瑞利散射而采用瑞利近似。

使用 Zeta 电位分析仪，适用的分子量测量范围为：对线性聚合物，数百 g/mol 至 500000 g/mol；对接近球形的聚合物和蛋白质，超过 20000000 g/mol。粒子产生的散射光强度，正比于平均分子量的平方以及粒子浓度。Zeta 电位分析仪在一个角度测量不同浓度样品的散射光强度（K/CR）；将其与标准物（如甲苯）产生的散射进行比较。其曲线即称为 Debye 曲线，允许测定绝对分子量和第二维利系数。

### 3. Zeta 电位的测量

激光（衍射）散射粒度分析仪通过测量电泳迁移率并运用 Henry 方程计算 Zeta电位。通过使用激光多普勒测速法（LDV）对样品进行电泳迁移率实验，得到带电粒子电泳迁移率。

Zeta 电位的大小表示溶液系统的稳定性趋势。溶液系统为物质三相（气体、液体和固体）之一，良好地分散在另一相而形成的体系。这种技术测量常用的是固体分散在液体中，和液体分散在液体中，即乳剂。

如果悬浮液中所有粒子具有较大的正的或负的 Zeta 电位,将倾向于互相排斥,没有絮凝的倾向。如果粒子的 Zeta 电位值较低,则没有力量阻止粒子接近并絮凝。稳定与不稳定悬浮液的分界线通常是$+30$mV 或$-30$mV。Zeta 电位大于$+30$mV 正电或小于$-30$mV 负电的粒子,通常认为是稳定的。

影响 Zeta 电位的最重要因素是 pH。没有引用 pH 值的 Zeta 电位值,实际上是没有意义的数字。

悬浮液中的一个粒子,具有负 Zeta 电位。如果在这个悬浮液中加入强碱,那么粒子将会倾向于得到更多负电荷。如果在这个悬浮液中加入酸,达到某一点负电荷被中和。进一步加入酸,则导致在表面产生正电荷。因此,Zeta 电位对照 pH 的曲线,在低 pH 时是正的,在高 pH 时是低正电或是负电的。

通过零 Zeta 电位的点,叫做等电点(isoelectic point),在实际应用过程中非常重要。一般情况下,就是溶液系统最不稳定的点。Zeta 电位和 pH 的对照如图 12.4 所示。

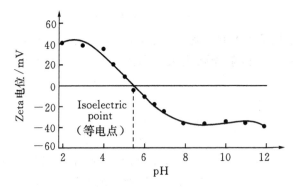

图 12.4　Zeta 电位对照 pH 值

(1)电动学效应

在粒子表面存在电荷的结果,是它们在所施加的电场影响下呈现一定效应。这些效应被集体定义为电动效应。依赖于哪种运动的方式被诱导,有四种明显的效应:

①电泳:在所施加的电场影响下,带电粒子相对于其悬浮液体的运动。

②电渗:在所施加的电场影响下,液体相对于静止的带电表面的运动。

③电泳电位:当液体被迫流过静止的带电表面时所产生的电场。

④沉降电位:当带电粒子相对于静止液体运动时产生的电场。

(2)电泳

当电场施加于电解质时,悬浮在电解质中的带电粒子被吸引向相反电荷的电

极。作用于粒子的粘性力倾向于对抗这种运动。当这两种对抗力达到平衡时,粒子以恒定的速度运动。粒子的速度依赖于下述因素:

①电场或电压梯度的强度;

②介质的介电常数;

③介质的粘度;

④Zeta 电位。

电场中粒子的速度通常指的是电泳迁移率。已知这个速度时,通过应用Henry方程,可以得到粒子的 Zeta 电位。亨利(Henry)方程是:

$$U_E = \frac{2\varepsilon z f(K_a)}{3\eta} \tag{12.4}$$

式中　　$z$——Zeta 电位,V;

　　　　$U_E$—— 电泳迁移率,m²/V · S;

　　　　$\varepsilon$——介电常数,Pa · S;

　　　　$\eta$——粘度,Pa · S;

　　　　$f(K_a)$——Henry 函数。

有两个值通常用于 $f(K_a)$ 测定的近似值,即 1.5 或 1.0。通常在水性介质和中等电解质浓度下进行 Zeta 电位的电泳测定法。这种情况下 $f(K_a)$ 是 1.5,即 Smoluchowski 近似。对适合 Smoluchowski 模型的系统,即大于 0.2μm 的粒子分散在大于 10~30mol 盐的电解质溶液中,此种算法直接从迁移率计算 Zeta 电位。

Smoluchowski 近似用于弯曲式毛细管样品池和通用插入式样品池的水相样品。

对较低介电常数介质中的小粒子,$f(K_a)$ 为 1.0,允许同样的简单计算。这通常指 Huckel 近似。非水相测量通常使用 Huckel 近似。

测量电泳迁移率直接测定的是电泳迁移率,并转化为 Zeta 电位,Zeta 电位是从理论考虑推导出来的。

电泳体系的主要组成是带电极的样品池,在其两端的电极上施加了电势。粒子朝着相反电荷的电极运动,测量其速度并以单位场强表示,即为迁移率,如图 12.5 所示。

用于测量这种速度的技术是激光多普勒测速法。激光多普勒测速法(laser doppler velocimetry)在工程应用中是非常成熟的技术,用于从喷气式发动机中涡轮叶的超声流动到树液从植物茎干中升起的速度等很多方面的研究。LDV 也适合于测量在电泳实验中运动的带电粒子速度。

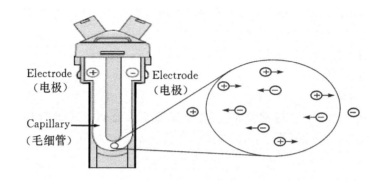

图 12.5　测量电泳迁移率

# 12.3　Zeta 电位分析仪

### 1. 工作原理

（1）仪器组成系统与功能

仪器组成系统主要有激光器→滤波扩光束系统→样品窗→光电探测→计算机处理系统。激光器产生单色相干性极好的激光,经滤波扩大系统后,得到一个扩展的、照明散射颗粒理想化的光束,分散好的颗粒在样品窗内被激光光束照射产生衍射,并形成一定的空间光强分布,设在探测光区的非均匀交叉排列扇形主检测器,附加大面积辅助检测器和大角度向前、背向检测器,将光信号转变为电信号并送入计算机,按事先编制的程序根据衍射理论进行数据处理,把衍射谱的空间分布反演为颗粒粒度分布。光学中的弗朗霍夫衍射理论和米氏散射理论指出,光照射粒子时,光的衍射和散射方向能力与光的波长和粒子尺度有关。当用单色性固定波长的激光作光源时,可消除波长的影响,由粒子尺度确定光的衍射、散射方向。当激光照射到粒子时,由不同大小粒子产生不同角度的散射光,分立的光检测器接收光强电信号后,经过计算机的统计分析计算转化为粒子的分布。

（2）用途

测量被分散的颗粒和溶液中分子的粒径、分子量和 Zeta 电位。

（3）范围

所有能够稳定存在于溶液中作布朗运动的颗粒。包括:乳液、有机/无机颗粒、自然/合成高分子溶液、表面活性剂、病毒、蛋白质样品等。

（4）应用领域

生物、医药、纳米技术、涂层、化妆品行业、化工、电工等领域。

**2. 仪器性能参数**

(1)粒径测量

①粒径测量范围：0.6 nm ～ 6$\mu$m；测量角度：173°；温度 2 ～ 90℃；

②粒度测量浓度范围：0.1ppm～40％W/V；

③电导率范围：0～200mS/cm；

④分子量范围：$1 \times 10^3 \sim 2 \times 10^7$ Dalton；

(2)Zeta 电位测量

①粒径范围：5nm～10$\mu$m；

②电导率范围：0～200mS/cm；

③Zeta 电位测量采用弯曲式毛细管流动池。

**3. 操作步骤**

①开机：开机后仪器预热半小时；

②点击 Nano 软件，进入仪器测量程序；

③选择仪器测试方式和制备样品，选择仪器参数测试方式、样品制备、选择正确的分散剂、样品池和注射器、制备好的样品注入样品池，粒径和分子量测量用的样品池在顶部有一个小三角形，指示朝向前面的那一侧。对分子量测量尤其至关重要，Zeta 电位测量使用两边有电极的专用样品池；

④在 File(文件)菜单中新建一个文件或打开已有文件，确保数据存放在需要的文件下；

⑤打开仪器样品舱的盖子，将装有样品的样品池放入；

⑥粒径测量：点击 Measure 菜单中的 Manual，进入测量设置界面。在 Measurement type 中选择测量 Size，在 Lables 中输入样品名称等，在 Cell 中选择所用样品池类型，在 Sample 中设置样品参数，如折射率、吸收率以及分散剂折射率和粘度等，在 Temperature 中设置温度，在 Measurement 中设置时间和次数，在 Result calculation 中设置测试模型；

⑦设置完成后，点击确定，进入测量窗口，按 Start 即开始测量，结果会自动按记录编号保存，测试结果如图 12.6，12.7，12.8 所示；

⑧关机程序：先关闭软件和电脑，然后再关闭仪器电源。

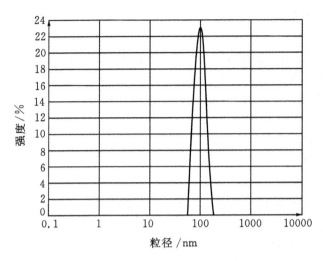

图 12.6　粒子直径的测量曲线

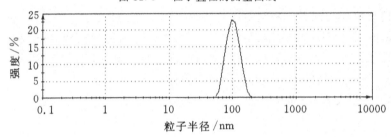

图 12.7　纳米粒子半径测量曲线图

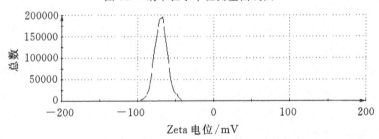

图 12.8　纳米粒子 Zeta 电位测量曲线图

**思考题**

① Zeta 电位的概念和理论依据是什么？

② 影响 Zeta 电位的因素有哪些？

③ 动态光散射理论是什么？

④ 纳米粒度测试的原理是什么？影响因素有哪些？

⑤ 试讨论纳米粒度与产品性能的关系。

# 第13章 液体介质理化性能参数的测量

液体绝缘介质主要有天然的矿物绝缘油(由石油提炼而成)、人工合成油(硅油、十二烷基苯、聚异丁烯、异丙基联苯、二芳基乙烷)和植物油(菜籽油、大豆油、蓖麻油),是电力设备中重要的绝缘介质,在变压器、断路器、电流和电压互感器、套管、电容器等设备中起绝缘、散热冷却和熄灭电弧的作用,因此对绝缘油除了要求具有优良的电气性能(介电常数、损耗因数、电阻率和击穿强度)外,人们还非常关心它的理化性能(酸值、水分含量、粘度、带电度)以及油中杂质情况,特别对超高压用油,更有其特殊性能要求。

本章主要介绍液体绝缘介质的酸值、水分含量、粘度、带电度以及油中杂质数量等参数的测量原理、方法和所使用的仪器。

## 13.1 粘度计

**1. 粘度概念**

液体在流动时,在其分子间产生内摩擦的性质,称为液体的粘性,粘性的大小用粘度表示,是用来表征液体性质相关的阻力因子。绝缘油的粘度与一般液体的粘度概念相同,就是液体的内摩擦,即表示绝缘油在外力作用下,作相对层流运动时,绝缘油分子间产生内摩擦阻力的性质。绝缘油的内摩擦力愈大,粘度也愈大,流动愈困难,散热性能差。

粘度的表示方法较多,大体可分为两类:按粘度定义直接测得的粘度称为"绝对粘度",如动力粘度、运动粘度等,若在一定条件下与已知粘度的液体比较所测得的粘度称为"相对粘度"或"条件粘度",如恩氏粘度等。

根据测定方法,粘度一般分为三种:动力粘度、运动粘度和恩氏粘度。

(1)动力粘度(粘度)

粘度一般是动力粘度的简称。根据牛顿流体定理,在流体运动中,剪切应力 $\tau$ 与流体的速度梯度成正比,比例系数 $\eta$ 称为粘度(动力粘度),即:

$$\tau = \eta \frac{dV}{dX} \tag{13.1}$$

式中　$\tau$ ——剪切应力,单位面积上所需施加的力,MPa、Pa;

　　　$\dfrac{dV}{dX}$ ——切变速率,在层流形成的速度梯度,1/s;

$\eta$——粘度(粘度系数或动力粘度),度量流体粘性大小的物理量,Pa·s。

粘度定义:将两块面积为 $1m^2$ 的板浸于液体中,两板距离为 1m,若加 1N 的剪切应力,使两板之间的相对速率为 1m/s,则此液体的粘度为 1 Pa·s。

(2)运动粘度

运动粘度即液体的动力粘度与同温度下该流体密度 $\rho$ 之比,单位为 $m^2/s$ 或斯,用小写字母 $v$ 表示,计算公式如下。

$$v = \frac{\eta}{\rho} \tag{13.2}$$

(3)恩氏粘度

恩氏粘度是在某温度下,试验油样从恩氏粘度计流出 200ml 所需时间与蒸馏水在 20℃流出相同体积所需时间(s)(即粘度计的水值)之比。试样流出应成连续线状,恩氏粘度用符号 $E_t$ 表示,恩氏粘度的单位为条件度。

以上三种粘度中,运动粘度在国际上(包括我国)常用作进行绝缘油的仲裁、校核试验。

粘度是绝缘油较重要的性能指标之一,对注入变压器、互感器等电力设备中的油,其粘度尽可能低一些较好。粘度愈低,冷却散热效果愈好。

油开关内的油也必须流动性大,粘度低。否则,接触点断开时电弧火花将行滞后,从而损坏开关。

温度和压力对粘度的影响,液体粘度随温度的升高而降低,随压力的升高而增加。

**2. DVII 粘度计**

(1)测量原理

DVII 粘度计采用了旋转粘度测定原理,通过浸入被测液中的转子的持续旋转形成的扭矩来测量粘度值,扭矩与浸入样品中的转子被粘性拖拉形成的阻力成比例,因而与粘度也成比例。

通过一个经校验过的铍-铜合金的弹簧带动一个转子在流体中持续旋转,旋转扭矩传感器测得弹簧的扭矩,它与浸入样品中的转子被粘性拖拉形成的阻力成比例,扭矩因而与液体的粘度也成正比。

粘度范围与转子的大小和形状以及转速有关。因为,对应于一个特定的转子,在流体中转动而产生的扭转力一定的情况下,流体的实际粘度与转子的转速成反比,而剪切应力与转子的形状和大小均有关系。对于一个粘度已知的液体,弹簧的扭转角会随着转子转动的速度和转子几何尺寸的增加而增加,所以在测定低粘度液体时,使用大体积的转子和高转速组合,相反,测定高粘度的液体时,应用细小转子和低转速组合。

粘度计采用液晶显示,显示信息包括粘度、温度、剪切应力/剪切率、扭矩、转子号/转速以及程序运行跟踪(底端型号部分信息不能显示)等。0~10mV 和 0~1V 的模拟信号输出端子可用于连接外部显示器件和记录设备,而 RS-232C 数字信号输出接口则可以用于连接电脑等外围数据处理系统。

(2)性能参数

粘度计的性能参数如表 13.1 所示。

表 13.1　粘度计性能参数

| 粘度测量范围 | 1~6McP |
|---|---|
| 转子速度 | 0.01~2000RPM |
| 分辨率 | 0.1cP |
| 温度范围 | −15~100℃ |

(3)操作规程

①正确安装仪器配件,取下测量转轴;

②调整粘度测试仪至水平;

③打开仪器,按屏幕提示操作,选择 Standard 模式,等待仪器自动调零;

④装上仪器测量杆;

⑤取试样 6.7ml,注入试样池;

⑥设定温度,等待水浴温度升至设定值;

⑦恒温 5min,按下面板电机启动按钮;

⑧调整转速,使屏幕转速显示在 50%~100%范围;

⑨待旋转杆转动 5 周左右记录读数;

⑩按下面板电机停止按钮,取下试样池;

⑪重复步骤 5~9,依次重复测量两次;

⑫挑选结果误差最小的两组数据,取其平均值即为试样动力粘度值;

⑬试验结束,清洗仪器。

# 13.2　831 型水分滴定仪

## 1. 绝缘油中水分的来源

绝缘油中的水主要是外部侵入和内部自身氧化两个方面产生。

①在运输和贮存过程中,保护措施不当会使水分进入绝缘油。

②充油电气设备在安装过程中,由于干燥处理不彻底,或变压器呼吸系统漏入潮气,水蒸汽会渗入油中,即称为油的吸湿性。

③绝缘油在使用过程中,由于运行条件的影响,会逐渐氧化,油在自身的氧化过程中,也伴随有水分产生。

**2. 水在绝缘油中存在的形态**

(1)游离水

多为外界侵入的水分,如不搅动不易与油结合,常以水滴形态游离于油中,或沿器壁沉降于设备、容器的底部。

(2)溶解水

这种形态的水是以极度微细的颗粒溶于油中,通常是从空气中进入油内的,在油中分布较均匀,这表明油已被污染。溶解水能急剧降低油的击穿电压,使油的介质损耗因素增大。

(3)乳化水

绝缘油精制不良,或长期运行造成油质老化,或油被乳化物污染,都会降低油水之间的界面张力,如油水混合在一起,便形成乳化状态,使油水难以分离,称这种水为乳化水。

**3. 油中水分的危害**

油中含有水分的危害性是非常大的,它能降低绝缘油的击穿电压,使油的介质损耗因数升高,同时水分助长了有机酸的腐蚀能力,加速了对金属部件的腐蚀,而金属腐蚀产物,如金属皂类,又会促使油质迅速老化,即对油质老化起催化作用。油中有水存在,还会促使绝缘纤维老化。有关文献指出,纸绝缘含水量为 2% 的老化速度是含水量为0.3% 的 6~16 倍,若含水量为 4%,则高达 12~45 倍。当含水量为 0.3% 的纤维素绝缘材料若在 100℃ 温度的情况下,不与空气接触,其寿命可达 100 年,但含水量为 1% 时寿命只有 30 年。因此对绝缘油中的水分含量的控制非常重要。

**4.831 水分滴定仪原理**

(1)油中水分测量原理

当油样中有水分存在时,碘被二氧化硫还原,在吡啶和甲醇存在的情况下,生成氢碘酸吡啶和甲基硫酸氢吡啶,反应式如下:

$$H_2O + I_2 + SO_2 + C_5H_5N \rightarrow 2C_5H_5N \cdot HI + C_5H_5N \cdot SO_3$$
$$C_5H_5N \cdot SO_3 + CH_3OH \rightarrow C_5H5N \cdot HSO_4CH_3$$

在电解过程中,电极反映如下:

阳极:$2I^- - 2e \rightarrow I_2$

阴极:$I_2 + 2e \rightarrow 2I^-$;$2H^- + 2e \rightarrow H_2 \uparrow$

产生的碘又与油样中的水分反应生成氢碘酸,直至水分全部消耗为止。在整个过程中,二氧化硫有所消耗,其消耗量与水的克分子数相同。

根据法拉第电解定律,电解 1g 分子碘,需要 2 倍的 9693 库伦电量,即电解 1

毫克当量需要电量 96493 毫库,样品中的水分含量按照下式计算得到:

$$\frac{W \times 10^{-6}}{18} = \frac{Q \times 10^{-3}}{2 \times 96393}$$ (13.3)

式中 $W$ ——油样中的水分含量,$\mu g/1$;

$Q$ ——电解的电量,mC;

18——水的分子量。

(2) 831 水分滴定仪测量原理

831 水分滴定仪主要利用的是碘与水反应这一化学反映方程式来计算实际溶液中水分含量,其反映方程式如下:

$$CH_3OH + SO_2 + RN \rightarrow [RNH]SO_3CH_3$$

$$H_2O + I_2 + [RNH]SO_3CH_3 + 2RN \rightarrow [RNH]SO_4CH_3 + 2[RNH]I$$

KF 试剂的主要成分为碘,二氧化硫,咪唑以及甲醇,831 使用电量法来测定溶液中水分的多少,过程如下:

KF 试剂预先直接加入测定池中,双铂电极指示电位变化(水含量多少),试剂在发生电极上通过阳极氧化产生碘,进而与水反应,电解速度受双铂电极电位变化控制。

其关键在于滴定时使用的并不是单质碘而是碘离子在电极上氧化后再与水进行反应,因此仪器可以直接通过监控消耗的电量从而知道产生了多少碘,从而计算出参与反应的碘单质共有多少,由此计算出液体中的水含量。该仪器具有负反馈环可以控制碘量生成的速度,如果仪器滴定时发现生成的碘被快速消耗而仍有大量的水分,则加快碘的生成速度,反之则减慢碘的生成速度。

对于测量固体中的水分,由于油加热炉的存在,通过升高炉膛的温度可以将样品中的水分烘出来,加热炉自带空气净化系统以及泵,因此净化过的空气可以作为载气将烘出的水蒸汽载入到测量池中,该测量方法要求固体样品中加热后产生的气体不能含有可以和碘反应的物质,否则测量的结果会偏大,因为实际消耗的碘量大于水分消耗的电量。

**5. 技术指标**

水分滴定仪的技术指导指标如表 13.2 所示。

表 13.2 水分滴定仪的技术参数

| 水分测量范围 | ppm ～100% |
| --- | --- |
| 测量速度 | 最大 2.24mgH$_2$O/min |
| 测量范围 | 100$\mu$g ～200mg |
| 分辨率 | 0.1$\mu$gH$_2$O |
| 测量精度 | ±3$\mu$g(水含量在 10$\mu$g ～1000$\mu$gH$_2$O)<0.3%<br>(水含量在 >1000$\mu$gH$_2$O) |

## 6. 操作规程

(1)首先按表 13.3 要求操作

**表 13.3    向洁净干燥的测量池中加入适合的试剂(在关机的状态下)**

|  | 普通样品 | 醛酮样品 |
|---|---|---|
| 无隔膜电极 | 普通 KF 库仑试剂(阳极液)<br>100ml | 醛酮 KF 库仑试剂(阳极液)<br>100ml |
| 有隔膜电极 | 普通 KF 库仑试剂(阳极液)<br>100ml(测量池) + 普通 KF 库仑试剂(阴极液)<br>5ml(发生电极管内) | 醛酮 KF 库仑试剂(阳极液)<br>100ml(测量池) + 醛酮 KF 库仑试剂(阴极液)<br>5ml(发生电极管内) |

(2)接通电源,打开仪器。

(3)按 MODE 键,用左右方向键 ← → 选择普通测量模式:KFC,按 ENTER 键确认。此时屏幕左上角显示 KFC。

(4)按 START 开始键,仪器启动并自动进行平衡。当平衡好后屏幕将显示 Ready 字样。

(5)仪器平衡后再次按 START 键开始,屏幕提示输入样品量:Sample size:g。

(6)将准备好的样品用注射器注入测量池中液面以下。取出注射器,输入样品重量后按 ENTER 键确认,测定开始,屏幕显示测定曲线。

(7)测定结束后屏幕显示测定结果,仪器自动进入平衡。

# 13.3　848 电位滴定仪

电位滴定仪实际是测量液体中的总酸值。

## 1. 酸值概念

酸值是判断绝缘油含酸性物质多少的一个重要化学指标。无论是新油固有的酸性物质,还是被氧化后产生的有机酸,都会导致损坏设备、危及固体绝缘、缩短电气设备寿命。绝缘油老化后酸值增加。

中和 1g 试油中含有的酸性组分所需的氢氧化钾毫克数,称为酸值,单位为 mgKOH/g。酸值 $AN$ 的计算如下:

$$AN = \frac{V \times 56.1 \times N}{G} \tag{13.4}$$

式中　$AN$——总酸值,mgKOH/g;

$V$——滴定时所消耗的氢氧化钾乙醇溶液的体积,ml;

$N$——氢氧化钾乙醇溶液的当量浓度，mol/l；

$G$——试样的重量，g。

从绝缘油中所测得的酸值，为有机酸和无机酸的总和，故也称总酸值。由于酸性物质的存在，降低油的绝缘性能，促使固体纤维绝缘材料老化。酸性物质还附着于绝缘和金属件的表面，既影响散热，也会产生腐蚀。因此防止和控制运行油的氧化反应和酸性物质的生成是延缓变压器油及电气设备使用寿命的关键技术措施，酸值是判断油能否继续使用的一项重要指标。

水溶性酸是指油中能溶于水的酸，包括无机酸及低分子有机酸。这些组份主要来自油品的氧化和外界的污染。油中的水溶性酸，能腐蚀金属部件、固体绝缘材料，加速油品自身的氧化，导致沉淀物的生成，降低绝缘油的电气性能和油品的抗乳化性能等，并能直接影响到油和设备的安全运行和使用寿命。

### 2.848 自动电位滴定仪的基本原理

电位滴定法是根据滴定过程中，某个电极电位的突变来确定滴定终点，从滴定剂的体积和浓度来计算待测物的酸值。

Metrohm 848 电位滴定仪利用电化学原理对溶液进行滴定。电极浸入溶液后可产生电势差。电势差的大小，不但取决于电极的性能，而且与溶液中离子的浓度、温度等因素有关，它也是基于能斯特方程。能斯特从理论上推导出电极电位的计算公式为：

$$\varphi = \varphi^{-} + \frac{RT}{nF} \ln \frac{\alpha_{ox}}{\alpha_{red}} \qquad (13.5)$$

式中　$\varphi$ ——平衡时电极电位，V；

　　　$\varphi^{-}$ ——标准电极电位，V；

　　　$\alpha_{ox}, \alpha_{red}$ ——分别为电极反应中氧化和还原的活度；

　　　$n$ ——为电极反应中的电子得失数；

　　　$R$ ——气体常数 8.314J·$K^{-1}$ $mol^{-1}$；

　　　$T$ ——为热力学温度，K；

　　　$F$ ——为法拉第常数，96485 J·$mol^{-1}$·$V^{-1}$。

仪器使用不同的电极则具体反映方程式不同，而转移的电荷量（电子得失数）也不相同，对于酸碱中和滴定，显然关键参数是知道溶液的 pH 值，因此酸碱中和滴定选用的电极要能具有测量出氢离子浓度的特性，例如标准氢电极，而标准氢电极因为抗干扰能力差且制作工艺复杂，一般使用一个相对于标准氢电极校准过的玻璃电极。

玻璃电极的构造是由一个玻璃泡，内部装入 Ag-AgCl 电极，将电极浸泡在 0.1mol/L 的 HCl 中，与甘汞（$Hg_2Cl_2$）即可构成一个完整的电极系统，整个电极的

电势差为

$$\varphi = 常数 - 0.059\text{pH} \tag{13.6}$$

由此可以看出该电极电势差与 pH 有直接对应的关系,因此通过测量电势差便可以知道溶液的 pH 值从而判断酸碱中和滴定程度。

实际仪器中滴定瓶中装有氢氧化钾溶液,通过仪器不断微量滴定试样并通过电极系统监控电极系统处在溶液中时产生的电位差,并计算出 pH 值。在化学计量点附近可以观察到电位的突变(电位突变),因而根据电极电位突变可以确定终点的到达,这就是电位滴定法的原理。滴定法结束后,仪器可根据滴定瓶中消耗氢氧化钾溶液的量自动计算出总酸值。

**3. 技术指标**

电位滴定仪的技术指标如表 13.4 所示。

表 13.4　电位滴定仪的技术参数

| 测量范围 | $-13 \sim 20(\text{pH})$, $-1200 \sim 1200\text{mV}$ |
|---|---|
| 测量速度 | 15ml/min |
| 滴定管分辨率 | 1/10000(5ml) |
| 测量精度 | $0.0001\text{pH}$, $0.1\text{mV}$, $0.01\mu\text{A}$ |

**4. 操作规程**

①把仪器电极从保护液中取出并正确安装;

②打开仪器,在屏幕上选择 Manual－dosing,进行仪器排气与定量操作;

③用异丙醇清洗电极;

④在 100ml 干净烧杯中称取 10～15g 试验,记录下油样重量;

⑤取异丙醇 50ml 注入油样烧杯;

⑥放入磁搅拌子,在屏幕上选择转动磁搅拌子搅拌 5min,使试样与异丙醇充分混合;

⑦按下仪器面板 Start 键,随后键入油样重量;

⑧等待测量结果,记录试样酸值;

⑨重复步骤 5～8,依次重复测量两次;

⑩挑选结果误差最小的两组数据,取其平均值即为试样酸值;

⑪试验结束,清洗仪器,取下电极放入保护液中。

# 13.4　PLD－0201 油液颗粒度计数仪

有关粉体粒度的概念、测量方法请参考第 11 章内容。本节只介绍油中污染颗粒的测量。

**1. 自动颗粒计数器的工作原理**

目前在工业中采用的自动颗粒计数器,主要是采用遮光原理进行工作的,其主要由进样器、颗粒传感器、计算显示系统三部分组成。进样器在测试时保证一定容积的液样按规定流速通过颗粒传感器,颗粒传感器将流经窗口液样中的颗粒信号转换成电信号,计数显示系统再将传感器采集到的电信号进行放大、运算转换成颗粒尺寸和数量的信息并通过显示输出。颗粒传感器是自动颗粒计数器的核心。

遮光型颗粒传感器由光源(白炽灯光源或激光光源)、传感区、光电二极管和前置放大器等组成。其工作原理为:当被测液样沿垂直方向均匀地流经颗粒传感器窗口时,颗粒传感器的光源发出的平行光速通过传感器的窗口射向光电二极管,二极管将接受的光信号转换为电信号,经前置放大器传输到计数器。当流经传感器窗口的油液中没有颗粒时,前置放大器的输出电压为一定值。当液样中有颗粒进入传感器窗口时,一部分光被颗粒遮挡,光电二极管接受的光量减弱,于是输出电压产生一个脉冲。由于被遮挡的光量与颗粒的投影面积成正比,因而输出电压脉冲的幅值直接反应颗粒的尺寸,通过累计输出电压脉冲的个数,即可得到不同尺寸颗粒的数目。

颗粒尺寸和所产生的脉冲电压幅值的关系如下:

$$E_0 = \frac{a}{A}E \qquad\qquad (13.7)$$

式中　$E_0$——颗粒遮光而产生的脉冲电压幅值,mV;

　　　$a$——颗粒的投影面积,$\mu m^2$;

　　　$A$——光束通过的传感区窗口面积,$\mu m^2$;

　　　$E$——传感器的基准电压,即无颗粒进入传感区时的电压值,mV。

由(13.7)式可知,当窗口面积 $A$ 与基准电压 $E$ 为定值时,则脉冲电压幅值 $E_0$ 与颗粒的投影面积 $a$ 成正比,由此便可得到颗粒的等效投影直径 $d$,即颗粒的尺寸与脉冲电压幅值 $E_0$ 的关系。

传感器输出的脉冲电压信号传输到计数器的模拟比较器,与预先设置的阀值电压相比较,当脉冲电压幅值大于阀值电压时,计数器即计数。通过累计脉冲的个数,即可得出颗粒的数目。计数器设有若干个通道(如 6 个、8 个或 16 个通道等),传感器的输出信号同时传输到这些通道,根据传感器的校准曲线,预先将各个通道的阀值电压设置在与要测定的颗粒尺寸相对应的值上。这样,每一个通道对大于本通道阀值电压的脉冲进行计数,因而计数器就可以同时测定各种尺寸范围的颗粒数。

**2. 油中固体污染颗粒的测量**

(1)采样容器的清洗

进行固体颗粒污染测试,在液箱或在系统管路采集液样进行测试分析,最先接触的就是采样容器。采样容器的材质、形状,采样容器清洗及容器清洗方法的鉴定,是后续所有工作是否有意义的关键。特别是残留污染物干扰液样真实性,造成二次污染,就会使所采样品测试不合格。所以,对采样容器进行明确统一的规定至关重要。

(2)液样的采取

液样颗粒污染度的测量准确性与仪器、人员、采取的液样等有关,能否代表系统和液箱的污染度,是颗粒污染度测试中非常重要的一环。液样的采取分为在工作系统管路中采样、液箱中采样和联机在线采样三种。

所测液样的颗粒污染度仅当液样是系统或液箱中液体的真实代表,并且颗粒已被均匀弥撒在液体中才是有意义与有效的。绝大部分的测量错误不是来自于仪器误差,而是来自于非代表性的取样与不完全的样品分散,在粉体测量行业有专家对测量误差做过这样的统计,仪器误差为1,样品分散误差为10,取样误差为100,可见液样的采取对测试结果准确的重要性,由于采样容器本体底部带来的污染,在系统管路或液箱采取液样过程中带来液样的二次污染和在液箱底部或系统颗粒沉积部位取样造成的污染的液样,测量得到的颗粒污染度成倍增加。这样的测量结果带来的错误判断会造成系统停止运行,增大系统净化时间,误导人们加大过滤器的过滤精度、造成人力物力很大浪费等后果。而如果系统本来很脏应该立即停机,采取净化措施净化系统管路或液箱,否则会得出错误结论,这种结果尤其可怕,轻者颗粒污染会造成系统加剧磨损,重者将酿成重大事故。

(3)曲线校准

自动颗粒计数器是将颗粒的投影面积转换为脉冲电压进行测试的,因而在颗粒的投影直径与相应的脉冲电压幅值之间存在着严格的一一对应关系,这一对应关系便是传感器的校准曲线。

(4)测试前仪器的准备工作

①确定被测液样应与自动颗粒计数器相容,否则,检测会使仪器受到损害;

②打开自动颗粒计数器的电源开关,预热至少15min,使计数器充分稳定;

③检查自动颗粒计数器中是否有磁搅拌器,若所测液样中含有铁或其他磁性颗粒,则应将磁搅拌器去除或使其不产生磁性;

④在传感器校准曲线上查找与所需颗粒尺寸相对应的阀值,由大到小依次设置自动颗粒计数器的各通道;根据测试要求,按仪器操作说明书设置自动颗粒计数器的工作模式;

⑤用清洗液在1.5倍工作流速下冲洗传感器通道,冲洗量至少为200ml;

⑥若传感器已分析的液样和待分析的液样不相容,则应采用一系列清洗液冲

洗传感器通道,且每种清洗液都应和前次清洗液相容;

⑦启动自动颗粒计数器,测试适量体积的清洗液或稀释液,检查传感通道的颗粒污染度,传感器通道污染度应符合 NAS 1638－0 级的要求;

⑧采用与所测液样相同的洁净液体,调整传感器工作流速,在测试过程中应保持不变。

(5)测试前样品的准备工作

在容器采样测试前,不管用什么方法测试液样,样品的处理准备工作都是必不可少的。如果液样采回来测试前不处理,测试出来的数据就不能真实反映系统的污染程度,测试就没有准确性可言。在样品准备过程中,非正常的样品尤其要引起重视。

被测液样的稀释及稀释要求:如果被测液样的粘度过大,自动颗粒计数器所配置的进样器压力调到了最高极限,液样通过传感器的流速仍达不到工作流速时,为降低被测液样粘度需要稀释,稀释时应采用比原液样粘度低的稀释液;被测液样的颗粒数超过传感器的浓度极限,为降低液样中颗粒的浓度,低于颗粒传感器浓度极限要求的需要稀释,稀释时最好采用与原液样相同稀释液;被测液样的颜色过深、不透光、传感器无法测试,为使液样颜色变浅需要稀释,稀释时采用比原液样粘度低、无色、与原液样和自动颗粒计数器相容的稀释液。

液样脱水处理,当油类液样中含有游离的水,液样变得浑浊时,应对被测液样进行脱水处理,因为使用自动颗粒计数器测试油基液体时,仪器会将油液中的游离水当作颗粒进行计数,从而引起计数误差。

因此,油样脱水是非常必要的,不同的油样脱水的方法是不一样的,当油样含水量不是太大时,可将样品直接放入烘箱中,在大于100℃温度下烘大约30min,使微量水变成水蒸汽挥发;如果水分含量稍大可在油样中加入少量符合 GJB420A－0 级的洁净异丙醇,用手摇晃均匀,放入烘箱中在 100～110℃ 下烘 30min。

正常液样处理方法如下:

①样品目视检查。用不脱落纤维的抹布擦净盛有液样的采样容器外部,然后目测液样,如果发现液样中含有可能影响传感器正常工作的污染物(如过大的颗粒、纤维、游离状的水等)时,应采用光学显微镜等其他方法进行测试。

②液样放入功率密度为(3000～10000) $W/m^2$ 的超声波槽中至少 1min,这样做的目的是防止液样由于取样时间过长,造成颗粒沉淀,致使多个颗粒聚结成块,改变原液样的颗粒分布。然后从超声波槽中取出液样,用手使劲摇动(1～5)min,以使液样中颗粒分布均匀。将液样再次放入超声波槽中(也可采用抽真空的方法),直至成层的气泡上升至液样表面。超声波槽内的液位应略低于取样瓶中的液

位,或达到取样瓶高度的 3/4 处,最后从超声波槽中取出液样,静置几秒钟,以使液样中的余气上升至液面。

③处理过的被测液样应迅速测试。若停留时间过长而导致颗粒沉淀,应重新处理液样。在液样处理过程中,要严格防止二次污染,二次污染就是对液样存在的外来污染。一杯矿泉水打开盖,放在屋子里一个小时仍可以喝。可一瓶液样不加盖放在屋子里,一小时后就可能增加成千上万个颗粒,所以,不管是用自动颗粒计数器还是用显微镜计数(对比)法测试,在样品处理时要特别注意二次污染。

(6)液样测试

①启动自动颗粒计数器,当被测液样通过传感器约 5ml 时,再启动计数(可采用自动设值);

②每个液样至少测试三次,每次测试体积根据样品的多少和测试人员的习惯设定,但至少应不少于 10ml;

③液样测试完毕后,应用清洗液冲洗传感器通道,然后再用洁净、干燥且无油的压缩空气将传感器通道吹干。

(7)液样测试中应注意的事项

① 多瓶样品测试间的传感器冲洗。

如果使用自动颗粒计数器一次测试几瓶液样,在测试期间应对传感器通道进行冲洗,防止前一瓶液样污染了后一瓶,造成液样数据不准失真的情况。对于不相容液体的分析更应十分小心,因为在传感器的窗口上可能留有前次分析液的液膜或液滴,这将引起错误的计数。所以,自分析时,应严格按程序冲洗传感器通道,更换液体时应使用一系列溶剂进行冲洗,每种溶剂都应和前次冲洗溶剂相容。

如将油基液体换为水基液体时,典型步骤为:用洁净的石油醚冲洗传感器通道→用洁净的异丙醇或无水乙醇冲洗传感器通道→用洁净、干燥且无油的压缩空气吹干传感器通道。

如将水基液体换为油基液体时,典型步骤为:用洁净的异丙醇或无水乙醇冲洗传感器通道→用洁净的石油醚冲洗传感器通道→用洁净、干燥且无油的压缩空气吹干传感器通道。

② 低粘度易挥发液样的分析。

分析诸如石油醚、汽油等液样时,由于这些液体粘度较低,也极易挥发,若采用较高的工作流速测试,这些液体容易汽化,形成气泡,从而引起计数误差,因此,应将测试流速降低到至少 30ml/min 以下。

③ 气泡的影响。

使用自动颗粒计数器分析液样时,仪器同样会将液样中的气泡当作颗粒进行计数,从而引起计数误差。

同水分的影响一样,液样中空气的含量对不同种类液体的影响是不同的,而且在不同的压力、温度下,影响也不同。当液样中含有气泡时,大于$100\mu m$的颗粒数将会明显增加,颗粒分布出现反常,在这种情况下,应采用超声波法或抽真空法对液样进行除气。

(8)测试数据的有效性验证

测试数据有效性验证是对测试数据的质量控制。原先所有的测试方法标准中都没有对测试数据是否有效进行规定,测试完毕,便可以根据数据查表判定固体颗粒污染度等级并出具报告,因此人为因素过大。测试数据有效性验证要根据公式进行计算,对不符合要求的数据应重新进行测试。

**3. 性能指标**

颗粒度测量范围:$1\sim450\mu m$;

灵敏度:$1\mu m$;

进样速度:$5\sim60ml/min$;

测量温度:$0\sim80℃$;

测量重复性:$<5\%$。

# 13.5　油流动带电度的微静电测量原理和方法

**1. 油流带电机理**

油流带电是指当绝缘液体流经固体材料表面时,在固体表面和液体介质中产生带电的现象称为油流带电,包括相对运动的不同物质在分界面上的正负电荷分离和积累。在一般情况下,绝缘油吸附正极性离子电荷,剩下负极性离子电荷附着于固体材料的表面,在固/液界面形成弱键的偶电层,如图13.1所示。

当液体强迫流动时,液体会把偶电层的带电离子带走,并传输到液体中的下游去,导致了固/液界面的电荷分离,由此在固/液界面产生了直流电势(对地可产生泄漏电流)。在固/液界面上大量的正负电荷迁移造成电荷的泄漏和积累。由于变压器内部含有大量的绝缘材料,电荷积累远大于泄漏,由此会引起变压器内部电场的畸变和集中,造成油中局部放电、闪络、固体表面沿面放电等,严重时还会导致绝缘击穿,引起变压器损坏。因此测量油中流动带电电荷具有非常重要的意义。

**2. 微静电测量系统**

微静电测量系统主要由加压装置、试样油罐、储油腔、电荷分离器、屏蔽箱和微电流测试仪(吉十利6517A)构成,如图18.2所示。在测试时形成了三个主要回路:①试样油罐加压回路;②储油腔注油回路;③测量回路。把试样油从加压容器通过回路1(供油加压回路)加压使其流入储油腔,通过回路2(测试加压回路)加压

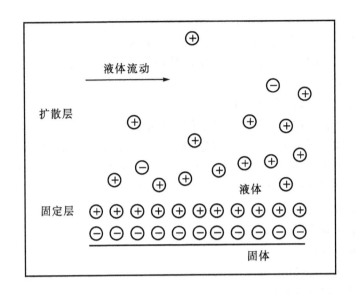

图 13.1　固/液界面的电荷分布

试样油通过静电发生器流出,同时微量电流计可测出试样油带电程度。

　　电荷分离器是微静电测量系统的核心装置,主要由滤纸和过滤器构成,其中滤纸采用的是 Whatman541 型滤纸,微孔直径约为 $22\mu m$,具有较好的流通性,并在油样流过时能够有效地分离电荷。整套系统密封性能良好,采用高纯氮气($>99.99\%$)作为加压气体和保护气体,避免了空气及其他杂质对测量结果的影响。

　　**3. 测量原理**

　　当油流过油滤器时,油中的电荷密度 $\rho$ 可表示为:

$$\rho = \frac{q}{V} = \frac{It}{V} = \frac{I}{V/t} = \frac{I}{Q} \tag{13.8}$$

式中　$\rho$——带电度,nC/L;

　　　　$V$——为测量油的总容积,$m^3$;

　　　　$q$——为全部油流过油滤器时的总电荷量,C;

　　　　$I$——为油滤器上测得的平均电流,A;

　　　　$t$——为测量所用的时间,s;

　　　　$Q$——为油的容积流速,$m^3/s$。

　　用微静电流动带电测试系统测量前,先用氮气冲洗管道回路从而排除内部滞留的空气,再用新油和试样油分别对系统的油路清洗两遍。测量中,首先用高压氮气对试样油罐加压(回路①),其次利用罐内压力向储油腔内注入 50 ml 试样油(回路②),最后利用高压氮气的推动使试样油以 1.2 ml/s 的速度流过滤纸(回路③),

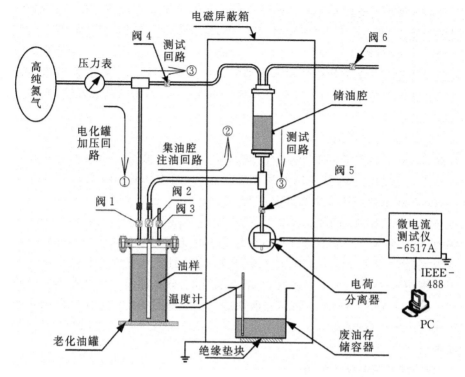

图 13.2　过滤式微静电流动带电测试系统

同时利用微电流测试仪测量泄漏电流,并在计算机上保存自动采集的电流波形。重复上述步骤,同一滤纸连续测量 5 次,测量后,按(13.8)式计算带电度,舍弃第 1 次的测量值,取后 4 次测量的平均值作为带电度的测量结果。

**4. 影响油流动带电度的诸因素**

(1)油流速度的影响

油流速率是影响油流带电的最重要因素之一。油流带电程度随流速的增加而提高。在层流状态下,$q \propto v$;在湍流状态下,油流带电程度比层流状态显著提高。日本的研究结果表明,油流带电提高的程度与油速率的二次方至四次方成正比。美国的研究结果尚未证实带电活动正比于流速的四次方,这可能与日本在研究油流带电时,采用高流速有关。当速度较高时(雷诺数>4000)管子中油的运动属于湍流运动,在湍流状态下,油运动剧烈,能量大,无疑有助于电荷的分离和迁移。大量的电荷迁移也为电荷的累积创造了条件。

(2)油中温度的影响

油温的高低对油流带电有着显著的影响,随着油温的升高,油的流动带电逐渐加强，油流带电电流逐渐增大。但由于变压器中由于存在电荷泄漏，油中的电荷在某一温度下(30~60℃)时达到最大值。但法国的研究结果报告则建议，为控制油的流动带电，油温应控制在 30~60℃。油温是通过影响油的电导率及带电电荷在系统的积累与泄漏的快慢达到影响带电程度。从这里可以看出，温度以一种复杂的方式影响油流带电、电气和化学参数。不同的人，不同的测试系统，测试结果不完全一样。

(3)油中水分含量的影响

绝缘油的带电趋势随油中水分的降低而升高，水分低于 15ppm 时具有较高的带电趋势。合格的超高压变压器油水分含量低(约 10ppm)，电荷的泄放甚为困难。故运行中的超高压变压器油流带电问题较严重。但日本研究人员基于小型静电电荷测试仪的实验结果指出，变压器油中含水量约为 20ppm 时将产生最大的带电倾向，而含水量进一步下降则导致带电量的相对减少。近来的 CIGRE 总结报告认为，水分含量低于 5ppm 时，油流带电量降低，且低水分含量时带电倾向主要依赖于油/纸间水分的平衡。在油/纤维素系统，水分将随温度变化在两种介质间迁移。水不仅仅是一种化学污染，它能通过氢键与裸露的纤维素中羟基结合而影响表面电化学性能，还会影响油和层压板的电导率(改变油的松弛时间)，从而影响油流带电。

(4)外加交流电场的影响

在交流电场作用下，油流带电加剧，带电程度随交流场强的增加而提高，称为油流带电的加电效应。对流动油和层压纸板系统的研究表明，强交流电场可使油中电荷密度大约提高五倍，这是由于高压电场助长了电荷的分离和加强了得拜效应(Debye Effect)所致。研究交流电场下的油流带电是非常有意义的，因为交流电场作用下油流带电现象更接近于大型变压器中油流带电的实际情况。

(5)油的电导率

油的电导率直接影响油中离子的含量和影响电荷的松弛时间常数。一般认为，当电导率较低时，油流带电程度随电导率的增大而增强；但当电导率超过某一临界值时，带电程度则又随着电导率的增大而减小，且电导率在 2.0~5.0pS/m 范围时，油流带电量可能达到峰值。

(6)固体纸质绝缘材料表面状态的影响

固体纸质绝缘表面吸附电荷的能力，随着其表面的粗糙度增加而增加，即纸质材料表面的网状结构将直接影响电荷的分离。变压器内所使用的各种固体绝缘材料，在油流流过时的带电量(带电电位)与其表面状态有一定的关系，各种材料带电量的电荷密度与固体绝缘表面状态的不同有关，其大小顺序是：棉布带＞结纹纸＞压制板＞牛皮纸。这是由于它们表面粗糙度不同所致，例如，棉布带表面粗糙度约为牛皮纸的 10 倍,其带电量也约为牛皮纸的 10 倍。材料表面粗糙度增大,实际上是增加了与油纸的接触面积,从而增加了吸附电荷的能力。当表面的积累电荷一旦放电后,将会使材料表面变得更粗糙,从而变得更易积累电荷。

(7)其他因素

原油的来源(产地)、精炼、存储、运输等过程对带电都有较大影响。油的老化、固体绝缘表面状态、变压器的结构(包括泵、散热器、油箱等)、杂质、上游电荷的注入等等因素也会影响油流带电。因此,单凭单个油流带电参数来判断油的好坏是不够的,必须配合其他油参数进行。

**思考题**

① 绝缘油在电工设备的功能与作用?

② 影响绝缘液体参数测试结果的因素有哪些?

③ 绝缘油老化前后其性能参数如何变化?

④ 测量绝缘油性能参数时应注意什么问题?

# 第14章 光谱法及其应用

## 14.1 概述

随着人类社会的不断进步,人们不仅认识了不同光的存在,可见光、红外光、紫外光、X射线光等,而且掌握和利用这些光的技术得到了很大的发展。如19世纪初人类证实了红外光的存在,20世纪初了解了不同官能团具有不同红外吸收频率,1950年以后有了红外分光光度计,1970年以后人们制造了傅里叶变换型红外光谱仪。随着科学技术及其计算机科学的飞速发展,人们根据不同光的各自特性,陆续制造出了紫外-可见光谱分光光度计、原子发射光谱、拉曼光谱、X射线光谱、核磁共振等。

光是电磁波,光传播过程中出现的各种现象,如折射、干涉、反射、衍射等等,证明了光具有波动性,光的偏振现象证明光是一种横波,光传播过程中同一电磁波曲线上两个相邻的、相位相同的点之间的距离即为一个完整波的长度称为波长(m)。电磁波向前传播一个波长的距离所需要的时间称为周期(s),每秒电磁波向前传播的波长称为电磁波的频率(Hz),即周期的倒数称为频率,波长的倒数称为波数$(m^{-1})$。光也具有微粒性。光是波动性和微粒性的矛盾统一体,可以把光看成一束高速运动的粒子流,而且每一个粒子都带有一定的能量,称为光量子或光子。光与物质会相互发生作用,不同的光与不同的物质发生作用的强弱不同。不同的光有不同的性质,也有不同的波长和频率等,如表14.1所示。

表 14.1 光谱区域的划分

| 光谱区 | 波长 | 频率/Hz | 波数/cm$^{-1}$ |
|---|---|---|---|
| X射线 | 0.01~10nm | $3.0\times10^{19}$~$3.0\times10^{16}$ | $1.0\times10^{9}$~$1.0\times10^{6}$ |
| 紫外 | 10~200nm | $3.0\times10^{16}$~$1.5\times10^{15}$ | $1.0\times10^{6}$~$1.0\times10^{4}$ |
| 近紫外 | 200~380nm | $1.5\times10^{15}$~$7.9\times10^{14}$ | $5.0\times10^{4}$~$2.6\times10^{4}$ |
| 可见 | 380~780nm | $7.9\times10^{14}$~$3.8\times10^{14}$ | $2.6\times10^{4}$~$1.3\times10^{4}$ |
| 近红外 | 0.78~2.5μm | $3.8\times10^{14}$~$1.2\times10^{14}$ | 12820~4000 |
| 中红外 | 2.5~25μm | $1.2\times10^{14}$~$1.2\times10^{13}$ | 4000~400 |
| 远红外 | 25~$1.0\times10^{3}$μm | $1.2\times10^{13}$~$3.0\times10^{11}$ | 400~10 |
| 微波 | 1.0~$1.0\times10^{3}$mm | $3.0\times10^{11}$~$3.0\times10^{8}$ | 10~$1.0\times10^{-2}$ |
| 射频 | 1.0~1000m | $3.0\times10^{8}$~$3.0\times10^{5}$ | $1.0\times10^{-2}$~$1.0\times10^{-5}$ |

## 1. 光谱法的基本原理

光谱学是利用光的波粒二象性和光与物质的相互作用的基本原理。物质的分子总是处于某种一定的运动状态,每一种运动状态具有特定能量,不同的运动状态具有不同的能量,当光照射到物质上时,物质的分子会吸收具有一定波长和能量的光子获得能量改变运动状态,反过来分子运动状态变化也会引起光的变化,按照量子力学的观点,分子所具有的能量的多少不是连续变化的,而是"台阶"式地跃迁变化的,即变化是量子化的。每一个能量"台阶"称为一个能级,能量最低的运动状态称为基态,其他较高的能量状态从低到高依次称为第一激发态、第二激发态……两种运动的能级差就是分子吸收的光子能量,如果记录下照射光的波长(频率、波数)和强度,再记录下被分子吸收后光的波长(频率、波数)和强度,就可以得到物质分子吸收照射光的光谱。不同的物质吸收光的强弱不同,根据物质对光的选择性吸收这一特性,进行物质性能的分析研究。

## 2. 分子吸收光谱分类

一个分子的总能量包括平移运动的能量、分子转动能量、分子内化学键的振动能、核外电子在某个分子轨道上做轨道运动的能量、电子自旋能量、原子核自旋能量等多种运动形式的能量。对于同一个分子而言,严格地讲,上述各种形式的运动之间互有联系与干扰,为了使问题简单化,而且又能满足科学研究的需要,近似认为上述各种形式的运动互不干扰。那么分子运动吸收光谱分为以下几类:

(1)分子平移运动

分子的平移运动严格的说来虽然也是量子化的,但平移运动能级差极小,可视为连续变化的,故平移运动不产生光谱。

(2)分子转动

分子转动能级差比较小,相当于远红外光子的能量。即远红外光子足以激发分子转动能级的跃迁。由分子转动能级跃迁产生的光谱称为分子转动光谱,或称为远红外光谱。

(3)分子振动运动

分子内化学键振动能级差的大小跃迁相当于近红外和中红外光子的能量。由化学键振动能级跃迁所产生的光谱称为分子振动光谱,它包括红外光谱和拉曼光谱。

(4)电子的运动

电子运动引起的价电子能级跃迁产生的光谱称为紫外及可见光谱。紫外光谱也叫电子光谱。

(5)电子的自旋运动

由电子自旋运动产生的光谱称为顺磁共振光谱。

（6）原子核自旋运动

由原子核自旋运动产生的光谱称为核磁共振光谱。

# 14.2 红外光谱法原理及其应用

## 1. 红外光谱法

红外测定技术得到了各行各业的广泛应用，全反射红外、显微-红外、光声-光谱、质谱-红外、DSC-红外、TGA-红外、色谱-红外等连用技术也得到了很大的发展。

红外光谱是分子振动光谱。通过谱图解析可以获取分子结构的信息。不论气态、液态、固态样品均可进行红外光谱测定，这是其他仪器分析方法难以做到的。由于每种化合物均有红外吸收，尤其是有机化合物的红外吸收光谱能提供丰富的结构信息，红外光谱是有机化合物结构解析的重要手段之一。

不同的物质对红外线有不同的吸收特性，物质分子基团与其红外吸收带之间存在着一定的关系。红外谱线法为化合物的基团鉴定和分子结构分析提供了很多实用的经验规律。

分子能级的变化称为分子能级跃迁。分子从周围环境吸收一定的能量后，其运动状态由低能级跃迁到高能级，这种跃迁称为吸收跃迁，反之，处于高能级的分子释放出一定的能量跃迁到低能级，称为发射跃迁。

红外光谱分析有特征性强，可以测定气体、液体、固体样品，样品用量少，分析速度快的特点，能进行定性和定量分析，是鉴定化合物和测定分子结构的有效方法之一。红外光区分为三个区：近红外光区、中红外光区、远红外光区。如表14.2所示。

表 14.2　红外波段的划分

| 波段 | 波长/μm | 波数/cm$^{-1}$ | 频率/Hz |
|---|---|---|---|
| 近红外 | 0.78~2.50 | 12800~4000 | $3.8×10^{14}$~$1.2×10^{14}$ |
| 中红外 | 2.50~50 | 4000~200 | $1.2×10^{14}$~$6.0×10^{13}$ |
| 远红外 | 50~1000 | 200~10 | $6.0×10^{12}$~$3.0×10^{11}$ |
| 常用区域 | 2.5~25 | 4000~400 | $1.2×10^{14}$~$1.2×10^{13}$ |

近红外光区吸收带主要由低能电子跃迁、含氢原子团（如 O—H、N—H、C—H）伸缩振动的倍频吸收产生。近红外光区的光谱可用来研究稀土和其他过渡金属离子的化合物，适用于水、醇、一些高分子化合物及含氢原子团化合物的定量分析。

中红外光区(基本振动区)吸收带是绝大多数有机化合物和无机离子的基频吸收带,由基态振动能级跃迁至第一振动激发态时产生的吸收峰称基频峰。基频振动是红外光谱中吸收最强的振动,该区最适合进行红外光谱的定性和定量分析。

远红外光区(分子转动区)吸收带是气体分子中的纯转动跃迁、振动-转动跃迁、液体和固体中重原子的伸缩振动、某些变角振动、骨架振动以及晶体中的晶格振动所引起的。由于低频骨架振动能灵敏地反映出结构变化,所以特别适合于异构体。也可用于金属有机化合物、包括络合物、氢键、吸附现象的研究。远红外光区能量较弱,一般应用较少。

红外吸收光谱一般纵坐标为百分透射比 $T\%$,吸收峰向下,向上为谷;横坐标是波长或波数(单位 $\mu m$ 或 $cm^{-1}$)。

**2. 红外光谱法原理**

当红外辐射通过气体、液体或固体样品时,由于样品的分子结构不同,在不同波长处产生有选择性的吸收,然后以波长或波数为横坐标,以透过率或吸光度为纵坐标描绘成谱图,得到样品的特征吸收曲线,即红外吸收光谱。以光谱中吸收峰的位置和形状来判断或鉴别样品的结构,以特征吸收峰的强度测定样品的含量,这种方法称为红外吸收光谱分析方法。

红外线所具有的量子化能量可以激发分子的振动和转动能级。分子的振动和转动能级是量子化的,因此在红外线电磁波作用下所吸收的能量是不连续的,只有当红外线能量恰好等于激发某一化学键从基态跃迁到激发态的某种振动能级所需要的能量时,这样的红外线才能被试样吸收,其吸收波数可用下式表示:

$$\nu = (E_2 - E_1)/(h \times c) \tag{14.1}$$

式中　$\nu$——波数,$cm^{-1}$;

$E_1$——基础能态能量,J;

$E_2$——终能态的能量,J;

$h$——普郎克常数,$6.626 \times 10^{-34}$ J·S;

$c$——光速,$3 \times 10^{10}$ cm/s。

波长 $\lambda$(单位为 $\mu m$)和波数 $\nu$(单位为 $cm^{-1}$)的关系式如下:

$$\nu = \frac{1}{\lambda} = \frac{10^4}{\lambda} \tag{14.2}$$

由分子的振动产生的能级跃迁需要吸收能量或者发射能量,当由低能态跃迁到高能态,需要吸收能量,如果是吸收了光子的话,就产生了吸收谱带,那么光子的能量需要满足分子振动跃迁的能量才能产生。也就是说,光是电磁波,电磁波的频率(或波数)与分子的振动频率(或波数)相等时才能产生红外吸收光谱,即为红外吸收光谱的必要条件。

如果分子发生吸收跃迁时所需要的能量来源于光照,那么具有一定波长的光子将被分子吸收,记录下被吸收光子的波长(或频率、波数)和吸收信号的强度,即可得到分子吸收光谱。同理,如果分子发生发射跃迁时所释放的能量是以光的形式释放的,记录下发射出的光的波长(或频率、波数)和发射信号的强度,即可得到分子发射光谱。

不同的化学键或官能团,其振动能级从基态跃迁到激发态所需能量不同,因此要吸收不同波长的红外光,那些频率相符的红外光辐射被物质吸收,将在不同波长出现吸收峰,从而产生特征吸收带。不同物质对不同波长(或波数)红外辐射的吸收强度是不同的,因此,当不同波长的红外辐射依次照射到样品物质时,某些波长的辐射被分子选择吸收而减弱,从而减弱了透射光的能量。如果将百分透过率对波长或波数的关系记录下来,便得到红外谱图。

百分透过率($T\%$)可表示为

$$T\% = \frac{I}{I_0} \times 100\% \tag{14.3}$$

式中  $I$——透射光强度,cd;

$I_0$——入射光强度,cd。

图 14.1 为聚苯乙烯膜的红外光谱图。

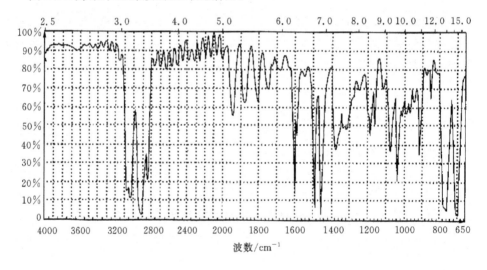

图 14.1  聚苯乙烯薄膜的红外光谱

### 3. 红外光谱法的应用

红外光谱最重要的应用是中红外光区有机化合物的鉴定和分子结构分析。通过与标准谱图比较,以确定化合物的结构;对于未知样品,通过官能团、顺反异构、取代基位置、氢键结合以配合物的形成等结构信息可以推测结构。1990 年以后除传统的结构解析外，红外吸收发射光谱法用于复杂样品的定量分析，显微红外光谱法用于表面分析，全反射红外以及扩散反射红外光谱法用于各种固体样品分析。利用固相光谱差异，鉴定化合物(同质异晶体、同系物、光学异构体、几何异构体)，利用固、液相光谱差异，区分构象异构体，根据特征吸收峰确定化合物中所含官能团，鉴定样品纯度。样品中若含 5％以上杂质，光谱吸收峰尖锐度降低、吸收峰数目增加，通过观察某特征峰强度变化，可追踪化学反应进程。

红外光谱法主要研究在振动中伴随有偶极矩变化的化合物，没有偶极矩变化的振动在拉曼光谱中出现。除单原子和同核分子如 Ne、He、$O_2$、$H_2$ 等之外，几乎所有的有机化合物在红外光谱区都有吸收。化合物结构不同一定有不相同的红外光谱。

红外吸收带的波数位置、波峰的数目、吸收谱带的强度反映了分子结构的特点，用来鉴定未知物结构组成或确定化学基团；谱带吸收强度与分子组成或化学基团含量有关，用来进行定量分析和纯度鉴定。定量分析是借助内标峰或选取两个吸收峰，以峰强度比值对样品浓度做标定曲线，表 14.3 为红外光谱特征频率区。

表 14.3　红外光谱特征频率区

| 特征频率区 | 波数范围 | 常见基团 |
|---|---|---|
| O－H　N－H 伸缩震动 | 3700～3000 | －O－H 和 ＝N－OH、－$CO_2$H 的 O－H、－$NH_2$、＝NH、$\diagdown$NH 、－CO－$NH_2$、－CO－NH－ 的 N－H |
| 不饱和 C－H 伸缩震动 | 3350～3000 | C≡C－H、C＝C－H、Ar－H、◇－H、▷－H 的 C－H |
| 饱和 C－H 伸缩震动 | 3000～2700 | －$CH_3$、－$CH_2$、－C－H、□－H 和 －C－H 的 C－H 、＝O |
| 铵盐伸缩震动 | 3100～2250 | $-\overset{+}{N}H_3$、$-\overset{+}{N}H_2$、$-\overset{+}{N}$ 、＝$NH_2$的 N－H 等 |

| 特征频率区 | 波数范围 | 常见基团 |
|---|---|---|
| X—H 伸缩震动 | 2650～2000 | B＝H、S＝H、P＝H、Si—H<br>（X＝B、S、P、Si） |
| 三健伸缩震动 | 2300～1900 | —C≡C—、—C≡N、—N≡C、<br>O＝C＝O、—N＝C＝O、—N＝C＝S<br>$\diagdown$C＝C＝C$\diagup$、$\diagdown$C＝C＝O<br>$\diagdown$C＝$\overset{+}{N}$＝$\overset{-}{N}$、$\diagdown$$\overset{+}{N}$＝$\overset{-}{N}$＝N |
| 双键伸缩震动 | 1950～1500 | —N＝O、—N＝N—、$\diagup$C＝C$\diagdown$<br>$\diagdown$C＝O、$\diagdown$C＝N 等 |
| 饱和 C—H 面内弯曲震动 | 1500～1350 | —CH₃、—CH₂—面内弯曲，<br>—NO₂ 的对称伸缩 |
| 不饱和 C—H 面外弯曲震动 | 1000～650 | C＝C—H、Ar—H 的面外弯曲 |

**4. 红外光谱仪原理**

中红外光谱仪器最为成熟、简单，积累了大量的谱图资料，应用极广。简称中红外光谱法为红外光谱法。红外光谱仪器分为两类，一类是色散型仪器，另一类是干涉型即傅里叶变换型仪器。

（1）色散型仪器

根据单色器所用色散元件的不同，色散型仪器分为棱镜型仪器和光栅型仪器。前者用棱镜（用 NaCl、KBr 等透红外光的材料制成）作为色散元件，分辨率较低；后者用光栅作为色散元件，分辨率较高。

色散型仪器的缺点是灵敏度低、扫描速度很慢、分辨率较低等，因此现在很少使用。

（2）傅里叶变换红外光谱仪

相对于色散型仪器来说，傅里叶变换红外光谱仪的优点是灵敏度高、扫描速度很快、分辨率高、全波段内分辨率一致等等，所以应用非常普及。

傅里叶变换红外(Fourier transform infrared，FT-IR)光谱仪的构造和工作原理与色散型仪器相比，有很大区别。FT-IR 光谱仪由如下部件组成：

①红外光源

②干涉仪；

③探测器；

④电子放大器；

⑤记录装置；

⑥计算机。

FT-IR 光谱仪的光学系统的核心部分是一台麦克尔逊干涉仪(见图 14.2)。

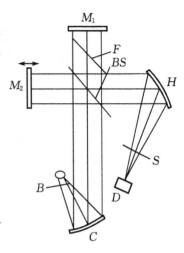

图 14.2　干涉型红外光谱仪光路示意图(F 为补偿器)

由红外光源 $B$ 发出的红外光，经准直镜 $C$ 反射后变为一束平行光入射到光束分裂镜 $BS$ 上。其中一部分光透过 $BS$ 垂直地入射到定镜 $M_1$ 上，并被 $M_1$ 垂直地反射到 $BS$ 的另一面上。这束光的一部分透过 $BS$(成为无用部分)，另一部分被 $BS$ 反射后进入后继光路(称为第一束光)。来自光源的另一部分光被分束器 $BS$ 反射后，垂直地入射到动镜 $M_2$ 上，并被 $M_2$ 垂直地反射回来入射到 $BS$ 上。其中的一部分光被 $BS$ 反射(成为无用光)，另一部分则透过 $BS$ 进入后继光路(称为第二束光)。当第一束光和第二束光合二为一时，即发生干涉。干涉光经凹面镜 $H$ 聚焦后透过样品 $S$(其中各种波长的光被 $S$ 吸收)，照射到探测器 $D$ 上，并被 $D$ 变为电信号。

动镜 $M_2$ 通过移动产生光程差，即干涉光强度与光束一和光束二经过的路程差有关。当光程差为零或等于波长的整数时，两束光发生相长干涉，干涉光最强；当光程差等于波长的半整数(即 $1/2, 3/2, 5/2\cdots$)时，则发生相消干涉，干涉光最弱。动镜的周期性信号。经干涉仪得到的干涉信号是时间的函数，为时域谱，经傅里叶变换成随频率变化的谱图，即频域谱，也就是我们看到的红外谱图。

**5. 样品处理技术**

(1) 液体样品

液体样品常用液膜法。该法适用于不易挥发(沸点高于 80℃)的液体或粘稠溶液。使用两块 KBr 或 NaCl 盐片，滴 1 至 2 滴待测液体到盐片上制成液膜，用另一块盐片将其夹住，用螺丝固定后放入样品室测量。若测定吸收较低的碳氢化合物，可以在中间放入夹片(0.05～0.1mm 厚)以增加膜厚。测定时需注意不要让气泡混入，螺丝不应拧得过紧以免窗板破裂。使用以后要立即拆除，用脱脂棉沾氯仿、丙酮擦净。

挥发性液体样品适用溶液法测定。将样品溶解于适当溶剂中配成一定浓度的溶液,用注射器注入液体池中进行测定。所用溶剂应易于溶解样品,非极性,不与样品发生反应,溶剂的吸收峰与样品吸收不会重合。常用溶剂为 $CS_2$、$CCl_4$、$CHCl_3$ 等。常用盐片:KBr、NaCl 常用水不溶性窗片:$CaF_2$、$BaF_2$、KRS-5(溴碘化铊)。

(2)固体样品

固体样品常用压片法,这也是固体样品红外测定的标准方法。将固体样品 $0.5 \sim 1.0$mg 与 150mg 左右的 KBr 一起粉碎,用压片机压成薄片。厚度约 1 mm 的透明薄片,薄片应透明均匀。压片法所用稀释剂除 KBr、NaCl 外,还有聚乙烯粉末。

固体样品还可用调糊法。将固体样品($5 \sim 10$mg)放入研钵中充分研细,滴 1 至 2 滴重烃调成糊状,涂抹在盐片上,安装后测定。若重烃的吸收妨碍样品测定,可改用六氯丁二烯。调糊法可消除水峰($3400cm^{-1}$、$1630cm^{-1}$)干扰;或在样品中加重水消除水峰对样品信号的干扰,样品中含-OH基和-NH2基时,用聚四氟乙烯粉或石蜡可排除 KBr 中水气的干扰。

薄膜法适用于高分子化合物的测定。将样品溶于挥发性溶剂后倒在洁净的玻璃板上,在减压干燥器中使溶剂挥发后形成薄膜,固定后进行测定。

对于透明薄膜高分子材料可以直接进行测量。

涂膜法将有些固体聚合物,经熔融涂膜、热压成膜、溶液铸膜等方法,也可得到适于分析的薄膜。

(3)气体样品

气体样品的测定可使用窗板间隔为 $2.5 \sim 10$cm 的大容量气体池。抽真空后,向池内导入待测气体。测定气体中的少量组分时使用池中的反射镜,其作用是将光路长增加到数十米。气体池还可用于挥发性很强的液体样品的测定。GC/FT-IR 技术可用于气体样品的直接分析。各类气体池(常规气体池、小体积气体池、长光程气体池、加压气体池、高温气体池和低温气体池等)和真空系统是气体分析必需的附属装置和附件。

# 14.3　IRprestige - 21 型红外光谱仪

**1. 性能指标**

测试方式透光式和反射式:(％T 和 ABS)。

分辨率:0.5(0.85),1.0,2.0,4.0,8.0,16.0。

波数范围:400～4000。

光波范围（透光范围）常用为：7800（High）～350（Low）。

**2. 操作规程**

①制备试样；

②打开红外光谱仪电源；

③打开计算机进入测试界面，并打开打印机电源，预热 5 分钟；

④测量初始化连接（连接成功，绿色标志出现）；

⑤点击测试界面，选择测试条件（扫描次数、分辨率、扫描范围等）；

⑥选择装样方式，选用合适夹具，选择和装好测试背景样，点击背景进行测试；

⑦取出背景样，装入待测试样测试；

⑧测量试样：将试样固定在专用夹具上，放入样品室中的测试位置，使光线与试样对准，通过相应的功能键完成测试；

⑨处理谱图、分析、判读、对比，对测试的谱图进行优化和标出峰值等处理分析，并与标准图谱进行对比；

⑩ 打印或保存所得结果；

⑪退出程序并依次关闭主机、打印机、红外光谱仪的电源。

# 14.4 紫外/可见/近红外光谱法及其原理

### 1. 紫外/可见/近红外光谱法

紫外可见吸收光谱法是基于物质分子在 200～780nm 区域内价电子的能级跃迁（也伴随着振动能级和转动能级的跃迁）吸收光辐射建立的一种光谱分析方法。电子跃迁可以从基态激发到激发态的任一振动、转动能级上。电子能级跃迁产生的吸收光谱包含了大量的谱线，这些谱线的重叠成为连续的吸收带。根据溶液中物质的分子或离子对紫外和可见光谱区辐射能的吸收来研究物质的组成和结构，有比色分析法与分光光度法。比色分析法是比较有色溶液深浅来确定物质含量的方法，属于可见吸收光度法的的范畴。分光光度法是使用分光光度计进行吸收光谱分析的方法。

由于 $O_2$、$N_2$、$CO_2$、$H_2O$ 等在真空紫外区（60～200nm）均有吸收，进行这一光谱范围测定时需要将气体样品池先抽真空后再充入惰性气体。使真空紫外分光光度计在实际应用中受到一定的限制。通常所说的紫外-可见分光光度法，实际上是指近紫外-可见分光光度法（200～780nm）。

分子在紫外-可见光区取得吸收与其电子结构密切相关，电子跃迁引起的吸收光谱称为电子光谱或紫外可见吸收光谱。

用于紫外可见吸收光谱法分析的仪器称为紫外可见分光光度计，从 1918 年美国国家标准局制成第一台的紫外可见分光光度计发展到今天,紫外可见分光光度计的制造和分析技术得到了很大的提高,仪器简单、价格便宜、分析速度较快,应用领域不断扩大。

### 2. 紫外/可见/近红外光谱法基本原理

利用紫外/可见/近红外吸收光谱来进行定量分析由来已久,1852 年,比尔(Beer)参考了布给尔(Bouguer)1729 年和朗伯(Lambert)在 1760 年所发表的文章,提出了分光光度的基本定律,即液层厚度相等时,颜色的强度与呈色溶液的浓度成比例,从而奠定了分光光度法的理论基础,这就是著名的朗伯－比尔定律。即:

$$A = \lg\left(\frac{I_0}{I_t}\right) = \varepsilon bc \tag{14.4}$$

式中 $A$——吸光度,描述溶液对光的吸收程度($A$ 无单位);

$I_0$——入射光强度,cd;

$I_t$——透射光强度,cd;

$b$——液层厚度(光程长度),cm;

$c$——溶液的摩尔浓度,mol·L$^{-1}$;

$\varepsilon$——摩尔吸光系数,L·mol$^{-1}$·cm$^{-1}$。在数值上等于浓度为 1mol/L、液层厚度为 1cm 时该溶液在某一波长下的吸光度;吸收物质是在一定温度、波长和溶剂条件下的特征常数,不随浓度 $c$ 和光程长度 $b$ 的改变而改变。$\varepsilon$ 与吸收物质本身的性质有关,与待测物浓度无关;同一吸收物质在不同波长下的 $\varepsilon$ 值是不同的。在最大吸收波长 $\lambda_{max}$ 处的摩尔吸光系数,常以 $\varepsilon_{max}$ 表示。$\varepsilon_{max}$ 表明了该吸收物质最大限度的吸光能力,也反映了光度法测定该物质可能达到的最大灵敏度。$\varepsilon_{max}$ 越大表明该物质的吸光能力越强,用光度法测定该物质的灵敏度越高。可作为定性鉴定的参数。

朗伯-比尔定律是吸光光度法的理论基础和定量测定的依据。应用于各种光度法的吸收测量,透过度 $T$ 为入射光透过溶液的程度,即 $T = I_t/I_0$,吸光度 $A$ 与透光度 $T$ 的关系为 $A = -\lg T$,$I_0$ 为入射光强度,$I_t$ 为透射光强度,如图 14.3 所示。图 14.4 为聚乙烯的紫外/可见/近红外的光谱曲线。

不同物质具有不同的分子结构,选择性吸收不同波长的光,因而具有不同的吸收光谱。紫外吸收光谱是由有机化合物分子中价电子的跃迁产生的。

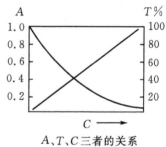

A、T、C 三者的关系

图 14.3　吸光度、透光度、浓度

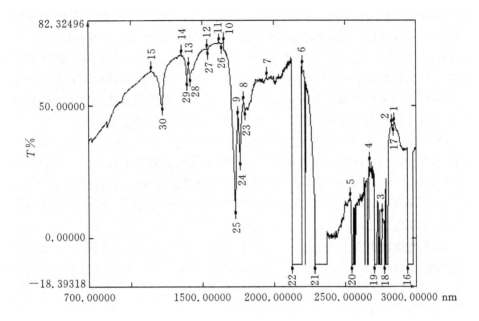

图 14.4　塑料光谱曲线

按分子轨道理论,形成单键的电子称为 σ 键电子;形成双键的电子称为 π 键电子;氧、氮、硫、卤素等含有未成键的孤对电子,称为 n 电子。

有机化合物的紫外—可见吸收光谱是 σ、π、n 三种电子跃迁的结果,最有用的紫外—可见光谱是由 π→π* 健和 n→π 健跃迁产生的。这两种跃迁均要求有机物分子中含有不饱和基团。这类含有 π 键的不饱和基团称为生色团。在饱和碳氢化合物或苯环上引入这些基团后其最大吸收波长将移至紫外及可见区范围内,产生红移效应。简单的生色团由双键或叁键体系组成,如乙烯基、羰基、亚硝基、偶氮基—N=N—、乙炔基、氰基—C≡N 等。

当饱和单键碳氢化合物中的氢被氧、氮、硫、卤素等杂原子取代时,这类原子中含有 n 电子,n 电子较 σ 电子易于激发,使电子跃迁所需能量降低,吸收峰向长波长方向移动,这种现象称为红移,此时产生 n→σ* 跃迁。

含有 n 电子的基团有—OH、—OR、—NH2、—NHR、—X 等,它们本身没有生色功能,不能吸收波长大于 200nm 的光,但当它们与生色团相连时,就会发生 n—π 共轭作用,增强生色团的生色能力,即吸收波长向长波方向移动,吸收强度增加,把这种能使吸收峰波长向长波方向移动的杂原子基团称为助色团。

芳香族化合物 π 跃迁在近紫外区产生二个特征吸收谱带。苯的特征吸收带为 $184nm(E_1)$,$204nm(E_2)$,$254nm(E_3)$。$E_1$ 带、$E_2$ 带和 $E_3$ 带式苯环上三个共轭体系中的 π→π× 跃迁产生的,$E_1$ 和 $E_2$ 强吸收峰带,在 230～270nm 范围内的带 $E_3$

属弱吸收带,吸收随苯环上取代基的不同而发生位移。当苯环上有助色基团如—OH、—C 等取代基时,由于 n—π 共轭,使 $E_2$ 吸收带向长波长方向移动,但一般在 210nm 左右。同时,n—π 共轭还能引起苯吸收的精细结构消失。把向长波方向移动称为红移,向短波方向移动称为蓝移。吸收强度即摩尔吸光系数 ε 增大或减小的现象分别称为增色效应或减色效应。红移与蓝移有机化合物的吸收谱带常常因引入取代基或改变溶剂使最大吸收波长 $\lambda_{max}$ 和吸收强度发生变化。

紫外/可见/近红外吸收光谱是物质中分子吸收 200~2500nm 光谱区内的光而产生的。每一跃迁都对应着吸收一定的能量辐射。具有不同分子结构的各种物质,有对电磁辐射显示选择吸收的特性。吸光光度法就是基于这种物质对电磁辐射的选择性吸收的特性而建立起来的,它属于分子吸收光谱。跃迁所吸收的能量符合比尔条件。

吸光光度法也称分光光度法,但是分光光度法的概念有些含糊,分光光度是指仪器的功能,即仪器进行分光并用光度法测定,这类仪器包括了分光光度计与原子吸收光谱仪(AAS)。吸光光度法的本质是光的吸收,因此称吸光光度法比较合理,当然,称为分子吸光光度法是最确切的。

**3. 紫外/可见/近红外吸收光谱的应用**

紫外/可见/近红外分光光度计可用于物质的定性分析、结构分析和定量分析。而且可以进行定量分析及测定某些化合物的物理化学数据等。例如分子量、络合物的络合比及稳定常数和电离常数。同时,由于它具有痕量、微观、自动化、灵敏度高、准确性和选择性强等光谱分析特性,能广泛运用于工业、农业、医药卫生、生物化学、环境保护、公安情报、地质、冶金、化工以及各高校和院所科学研究等各个领域。

(1)定性分析

紫外—可见分光光度法对无机元素的定性分析应用较少,无机元素的定性分析可用原子发射光谱法或化学分析的方法。在有机化合物的定性鉴定和结构分析中,由于紫外—可见光谱较简单,特征性不强,因此该法的应用也有一定的局限性。但是它适用于不饱和有机化合物,尤其是共轭体系的鉴定,以此推断未知物的骨架结构。此外,可配合红外光谱、核磁共振波谱法和质谱法进行定性鉴定和结构分析,因此它仍不失为是一种有用的辅助检定物质的方法。

一般有两种定性分析方法,比较吸收光谱曲线和用经验规则计算最大吸收波长 λ,然后与实测值进行比较。

(2)结构分析

结构分析可用来确定化合物的构型和构象。如辨别顺反异构体和互变异构体。

（3）定量分析

紫外-可见光度定量分析的依据是 Lambert - Beer（朗伯-比尔）定律，在一定波长处被测定物质的吸光度与它的溶度呈线性关系。通过测定溶液对一定波长入射光的吸光度可求出该物质在溶液中的浓度和含量。包括纯度检验，氢键强度的测定。常用的测定方法有：单组分定量法、多组分定量法、双波长法、示差分光光度法和导数光谱法等。

（4）混合物及其稳定常数的测定

测量混合物的常用方法有两种：摩尔比法（又称饱和法）和等摩尔连续变化法（又称 Job 法）。

（5）酸碱离解常数的测定

光度法是测定分析化学中应用的指示剂或显色剂离解常数的常用方法，该法特别适用于溶解度较小的弱酸或弱碱。

**4. 影响紫外吸收的因素**

影响紫外吸收的主要因素是溶剂极性的影响，溶剂极性对紫外光谱的影响可分为两类：

（1）对吸收强度和精细结构的影响。

（2）对最大吸收波长（$\lambda_{max}$）的影响。

溶剂极性增大，分子振动受限，精细结构逐渐消失，非极性溶剂溶剂化作用限制了分子的转动。为获得特征精细结构，需要选用的溶剂具有：

①低极性；

②能很好溶解被测物；

③具有良好化学和光化学稳定性；

④在样品的吸收光谱区无明显吸收；

⑤比较未知物质与已知物质的吸收光谱，必须采用相同的溶剂。

**5. 紫外/可见/近红外光谱仪简介**

紫外-可见吸收光谱测试的分光光度计类型很多，归纳为三种，单光束分光光度计、双光束分光光度计和比例双光束分光光度计。

（1）单光束分光光度计

经单色器分光后的一束平行光，轮流通过参比溶液和样品溶液，以进行吸光度的测定。这种简易型分光光度计结构简单，操作方便，维修容易，适用于常规分析。

（2）双光束分光光度计

经单色器分光后经反射镜分解为强度相等的两束光，一束通过参比池，一束通过样品池。光度计能自动比较两束光的强度，此比值即为试样的透射比，经对数变换将它转换成吸光度并作为波长的函数记录下来。

双光束分光光度计一般都能自动记录吸收光谱曲线。由于两束光同时分别通过参比和样品池,还能自动消除光源强度变化所引起的误差。

(3)比例双光束分光光度计

由同一单色器发出的光被分成两束,一束直接到达检测器,另一束通过样品后到达另一个检测器。这种仪器的优点是可以监测光源变化带来的误差,但并不能消除参比造成的影响。

紫外分光光度计的基本结构是由如下五个部分组成:

①光源。光源的基本要求是应在仪器操作所需的光谱区域内能够发射连续辐射,有足够的辐射强度和良好的稳定性,辐射能量随波长的变化应尽可能小。热辐射光源用于可见光区,如钨丝灯和卤钨灯,钨灯和碘钨灯可使用的范围在 340~2500nm;气体放电光源用于紫外光区,如氘灯。它可在 160~375 nm 范围内产生连续光源。氘灯灯管内充有氢的同位素氘,它是紫外光区应用最广泛的一种光源。

②单色器。单色器是能从光源辐射的复合光中分出单色光的光学装置,一般由入射狭缝、准光器(透镜或凹面反射镜使入射光成平行光)、色散元件、聚焦元件和出射狭缝等几部分组成。

③吸收池。吸收池用于放置分析试样,一般有石英和玻璃材料两种。

④检测器。检测器的功能是检测信号、测量单色光透过溶液后光强度变化的一种装置。常用的检测器有光电池和光电倍增管等。

⑤数据系统。它的作用是放大信号并以适当方式指示或记录下来。现在用计算机控制和主机单片机控制两种类型。

# 14.5 UV-3600 型紫外/可见/近红外分光光度计

### 1. 仪器参数

波长范围:185~3300nm,190~2500nm(积分球);

光谱带宽:紫外/可见区:0.17~5nm;近红外区:0.2~32nm;杂散光:紫外/可见区:< 0.0001%T(220nm,340nm);近红外区:< 0.0005%T (1420nm);分辨率:0.17nm。光学系统如图 14.5 所示。

紫外/可见/近红外分光光度计带有 UV Probe 个人软件包。UV Probe 的标准组件能进行数据采集、分析和报告,操作简单,功能强大。UV Probe 包括四个基本组成部分:

①扫描和分析波长的光谱模块。

②对时间变化和计算的动力学模块。

③分析定量数据的光度测定模块。

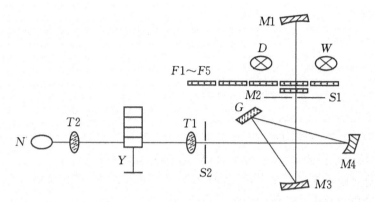

D—氘灯；W—钨灯；G—光栅；N—接收器；M1—聚光镜；M2—保护片；M3、M4—准直镜；T1、T2—透镜；F1~F5—滤波片；S1、S2—狭缝；Y—样品池

图 14.5　UV-3600 光路系统示意图

④功能强大并可改变格式的报告生成器,可通过使用链接或嵌入数据建立并打印自定义报告;报告在任何模块内均可立即打印。

**2. 仪器配置**

（1）光谱模块

光谱模块的基本功能是控制分光光度计和扫描指定范围内的波长,并记录下扫描范围内各波长的吸收值、透射率、反射率或能量读数。

允许设计简单的或复杂的数据采集方法。可采用不同类型的仪器和附件采集数据。用户可保存数据采集方法的参数,通过各种方式查看采集的数据,并按特定的方式处理数据,如数据打印、峰值检测、保存数据和在模块中直接打印报告。该模块包含三个窗口:操作、方法、图。

①操作面板位于左上角,包含查看和操作所有数据的功能,如数据打印、峰面积、峰值检测。

②方法面板位于操作面板下方,显示激活数据集的数据采集方法信息。

③图面板位于右方,包含激活、重叠图和堆叠图。

（2）光度测定模块

光度测定模块主要用于测定样品中某项物质的浓度;使用分光光度计进行测定并描绘标准曲线,然后通过曲线计算未知样品的浓度值;或通过建立和自定义的方程式推导该数值。该模块包括四个面板:标准表,标准曲线,样品/S. E. P. 表和样品图面板。每个面板有其独特的功能,只有样品/S. E. P. 表 面板除外,该面板可以显示样品表或预测标准误差表( 然后切换两个表见在线帮助)。

（3）动力学模块

通过分光光度计观测吸收值、透射率、反射率和能量随时间的改变而发生的变化。该模块比较灵活且使用方便。

①设计简单的或复杂的数据采集方法；

②配置采集数据的各种仪器和附件类型；

③保存采集参数，并在各种类型的图和表中查看采集的数据；

④利用特性处理数据，如数据打印、峰值检测、保存数据以及在模块内直接打印数据，这个模块包括四个面板：操作、信息、时间扫描图和酶图；

⑤操作面板显示在左上角，包含查看和处理所有数据的功能，如数据打印，峰面积和峰值检测。操作面板同时还显示主表和活度表；

⑥信息面板在操作面板的下方，显示数据采集方法的信息，或事件表；

⑦ 时间扫描图面板在屏幕右上角，显示随时间变化而变化的样品值（吸收值、透射率、反射率和能量），$X$ 轴表示时间，$Y$ 轴表示吸收值；

⑧在时间扫描图面板的下方，显示或不显示选择。

（4）报告生成器

报告生成器是一个报告化式工具，可用来生成、定制格式、保存和打印用户自定义报告。报告可以含有图形、文本和嵌入对象，就从 UV-Probe 中链接数据一样。当 UV-Probe 启动后，窗口会显示与退出程序时相同的配置。例如，工具栏和窗口恢复到相同的位置；但不显示数据。

**3. 操作步骤**

①制备和准备试样。

②打开监视器，计算机和分光光度计的电源。预热仪器 10 分钟。

③点击监视器桌面上的 UV-Probe 图标。

④显示弹出用户注册密码框，输入用户名和密码到对话框中，点击 OK。

⑤显示试验测试选择窗口，在窗口菜单上，点击一个模块（所有的模块可同时打开。使用窗口菜单快速地进行从模块到模块之间的切换，或使用层叠和平铺安排多个模块。模块可以拖曳和改变大小。这里包括菜单、标准工具栏、输出窗口、仪器栏和光度计状态栏。下列功能在打开任何模块或报告生成器之前都能使用）。

⑥设置和选择需要测试的各种选项如波长范围，透射或反射等信息，测定模块选择，执行系统管理功能，增加、设定或删除仪器，向工具菜单增加自定义工具等，完成设置。

⑦测量初始化连接，光度计自检完成，点击 OK。

⑧选择装样方式，选用合适用具，选择和装好测试背景样，点击背景测试。

⑨取出背景样，装入待测试样测试。

⑩将试样固定在专用夹具上,放入样品室中的测试位置,通过相应的功能键完成测试。

⑪处理谱图、分析、判读、对比,对测试的谱图进行优化和标出峰值等处理分析,并与标准图谱进行对比。

⑫打印或保存所得结果。

⑬退出程序并依次关闭主机、打印机、分光光度计的电源。

**思考题**

①光谱法的基本原理以及光谱区域的划分?

②红外光谱法的测量原理和分析方法?

③紫外光谱法的测量原理与分析方法?

④固体、液体和气体常用的制样方法有哪些?

⑤ 光谱法主要研究什么?

# 第15章 气相色谱法及其应用

## 15.1 概 述

1906年,俄罗斯植物学家 Michail－Tswett 将碳酸钙装填在玻璃管(称为色谱柱,column)内,用石油醚洗脱,分离植物叶子中的叶绿素,提取的液汁在通过柱子的柱床上出现了不同颜色的色带,他命名这种方法为色谱法(chromatography),这是最早进行的色谱分析。

色谱法是一种方便有效的分离分析方法,是利用混合物的不同组分在两相中具有不同的分配或吸附系数,当两相作相对运动时,不同组分在两相中进行多次反复分配后实现分离,并通过检测器检测进行的定性定量分析。不动的那一相称为固定相(stationary phase),携带混合物流过固定相的流体称为流动相(mobile phase)。混合物由流动相携带经过固定相时,不同组分因其性质和结构上的差异,与固定相发生作用的大小、强弱有所不同。在同一推动力作用下,不同组分与固定相进行反复分配时,在固定相中滞留时间长短不一样,按先后不同次序从固定相中流出。这种在两相间反复分配各组分分离的技术称为色谱法,又称为色层法或层析法。色谱法是众多仪器分析方法中很重要的一种分析方法。

气相色谱法(gas chromatography,GC)是采用气体作为流动相的一种色谱法,是20世纪50年代出现并发展、得到广泛应用的一种新的分离、分析技术。它具有分离效能高、灵敏度高、分析速度快,应用范围广的特点。

①分离效能高。对性能很接近的复杂混合物都能很好地分离,定性、定量检测。同一次分析可完成分离混合物中几十甚至上百个组分的测定。

②灵敏度高。能检测出 ppm 级甚至 ppb 级杂质含量。

③分析速度快。一般在几分钟或几十分钟内可以完成一个样品的分离测定。

④应用范围广。气相色谱法可以分析气体、易挥发性液体及固体样品。有机物分析应用最为广泛,约20%。某些无机物通过转化也可以进行分析。

气相色谱法广泛应用于卫生防疫、食品卫生、环境检测、质量监督、石油化工、精细化工、农药、制药、电力、白酒、矿山等行业及科研机关和大专院校。

**1. 气相色谱仪组成及功能**

典型的气相色谱仪原理如图15.1所示,主要由如下5部分组成:

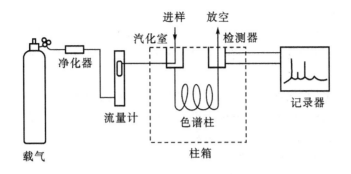

图 15.1　气相色谱仪流程示意图

（1）载气系统

包括气源、净化器、气体流量控制和测量等；载气由高压瓶供给，常用的载气有氮气、氦气、氩气。操作时先打开气源，后合上电器部分的开关，向色谱仪通入载气。载气经减压阀进入净化装置（5A 分子筛、硅胶等）以除去水分、有机物、灰尘等，经流量控制器（针形阀、流量计）、压力计、汽化室进入色谱柱，最后进入检测器放空。将汽化室、色谱柱、检测器控制在所需操作温度后，调节载气流速，在载气出口处用流速计测量载气流速。氢火焰离子化检测器，用氢气尾吹，空气助燃，这两种气体都须经过纯化和流量控制。一般氢气的流速与载气相等，空气约为氢气的 5～10 倍。整个气路要密封，流量要稳定，最后还要将载气校正到色谱柱温度、色谱柱气压下的载气流速。

（2）进样系统

包括进样装置和汽化室。汽化室是将可汽化的液体样品瞬间汽化成气体，气相色谱汽化室的温度控制在色谱柱温高 50～100℃，正确选择汽化室温度对高沸点和易分解的样品尤为重要。汽化室温度与样品的挥发性、进样和检测器的灵敏度有关，一般保持在样品的沸点左右。

实验室中一般使用微量注射器进样，常用的微量注射器有 $5\mu l \sim 1ml$。在生产中一般控制进样用六分阀。进样不宜过多，微升级的样品已足够分析。

（3）分离系统

分离系统包括色谱柱和恒温箱（色谱炉），色谱柱是色谱仪的心脏。混合组分在色谱柱中得到分离。恒温箱是为色谱柱提供一个均匀的恒定温度或程序改变的温度环境。恒温一般在 0～300℃，高温色谱可达 500℃。色谱柱温度能影响定性定量分析结果，要求恒温箱上下温差在 ±2℃ 以内，控制精度在 ±0.5℃ 以上。恒温箱内设有鼓风装置和主副加热丝，由电气部分加以控制，现在由计算机控制，箱内温度由水银温度计读出。

（4）检测系统

主要是检测器。检测系统是用来测定经色谱柱分离后的各个组分,它是把组分的浓度或质量的变化线性转换成易于测量的电信号,从而达到定性定量测量的目的。

色谱仪用的检测器已发展到多种类型(热导池、氢火焰、电子捕获、火焰光度等检测器),对检测器的要求是灵敏度高、线性范围宽、稳定性好、死体积小、响应快、定性定量准确、应用范围广、安全可靠。

（5）记录和数据处理系统

包括放大器、记录仪和色谱数据处理系统。该系统包括放大器、记录器或数据处理机。检测器获得的微弱信号,经放大器放大后,由记录器以微分法(峰)或积分法(阶梯)记录下来。热导检测器因无放大器,故记录量程在 1~5mV;离子化检测器为 1~10mV。试样量多少控制色谱峰的高度,使读数在满刻度的 30%~80% 以内,以减少测量误差,或用数据处理器处理数据,现常用计算机为记录数据处理器。

气相色谱仪流程如图 15.1 所示,具有稳定流量的载气(不与被测物和固定相作用的惰性气体,如氦气、氮气、氩气等),将进样后的样品在汽化室汽化后,带入色谱柱得以分离,不同组分先后从色谱柱中流出。经过检测器和记录仪,得到代表不同组分及浓度的色谱峰组成的色谱曲线。

## 2. 色谱柱

色谱柱是色谱仪的分离系统,常称为色谱系统的"心脏",各组分的分离是在色谱柱中进行和完成的,色谱柱主要取决于其效能和选择性,通常分为两类:填充柱和毛细管柱。填充柱又可分为气固色谱填充柱和气液色谱填充柱,选择合适的固定相是色谱分析中的关键问题。分离的组分不同需要选择不同的色谱柱,常用的色谱柱如表 15.1 所示。

表 15.1　色谱柱的分类

| 流动相 | 固定相 | 色谱 |
|---|---|---|
| 气体 | 固体 | GSC(气-固色谱) |
| 液体 | 液体 | GLC(气-液色谱) |
| | 固体 | LSC(液-固色谱) |
| | 液体 | LLC(液-液色谱) |
| 超临界流体 | | SFC(超临界流体色谱) |

（1）气固吸附色谱填充柱

填充柱是由色谱柱管和固定相组成,色谱柱管子材料可以为玻璃或不锈钢,是内径为 2~6mm,长为 0.5~10m 的 U 形或螺旋形管子,在管内填充具有多孔性及较大表面积的吸附剂颗粒作为固定相。即构成气固色谱填充柱。试样由载气带入柱子时,被吸附剂立即吸附。载气不断流过吸附剂时,被吸附的组分又被洗脱下来,称为脱附,由于试样中各组分的性质不同,在吸附剂上的吸附能力也不一样,较难被吸附的组分就容易被脱附,移动速度较快。经过多次反复吸附、脱附,试样中各组分彼此分离,先后流出色谱柱。

气固色谱主要用于惰性气体、氢气、氧气、一氧化碳、二氧化碳、甲烷等一般气体及低沸点有机物的分析。因为这些气体在固定液中的溶解度很小,没有一种满意的固定液可以分离它们。而在吸附剂上其吸附能力相差较大,可以得到满意的分离。

常用的吸附剂有非极性的活性碳、弱极性的氧化铝、强极性的硅胶以及新型共聚高分子多孔微球如聚苯乙烯二乙烯基苯等;固体吸附剂吸附容量大、热稳定性好、价格便宜,缺点是柱效低、色谱峰拖尾。

(2)气液色谱填充柱

气液色谱柱中的固定相是在化学惰性的固体微粒(用来支持固定液,称为担体)表面,涂上一层高沸点有机化合物的液膜(固定液)。根据被分离组分在固定液中溶解度的不同,经反复分配,达到分离。

担体(载体)是一种多孔的、化学惰性固体颗粒,其作用是提供具有较大表面积的惰性表面,用以承担固定液。固体颗粒比表面积要求大,化学惰性,无吸附性,有适宜的空隙结构,热稳定性和机械强度好,颗粒规则、均匀。颗粒细小有利于提高柱效,但若过细,色谱柱气压增大,对操作不利,一般选用范围为40~100目。

(3)毛细管柱

毛细管柱又叫空心柱:分为涂壁空心柱(涂固定液)和多孔开管柱(PLOT涂多孔固体微粒)两种。吸附剂可分为无机和有机吸附剂两大类。无机吸附剂包括活性氧化铝、分子筛(5A和13X)、石墨化碳黑和碳分子筛、硅胶等。有机吸附剂包括多孔高聚物和环糊精等。特别是多孔高聚物(如聚苯乙烯-二乙烯基苯)PLOT柱的出现,是非极性与极性化合物都可以很好的分离,应用范围很广。

将固定液(固体微粒)直接均匀地涂在内经0.1~0.5mm的毛细管内壁而成,固定相膜厚0.2~8.0μm。涂壁空心柱具有渗透性好,传质阻力小,柱子可以做得很长(一般有几十米,最长可达到300m),柱效能高,可以分析难分离的复杂样品。缺点是样品负荷量小,采用进样分流技术。

按其固定相的涂布方法可分为以下几种:涂壁空心柱,将固定液直接均匀地涂在内经0.1~0.5 mm的毛细管内壁而成,固定相膜厚0.2~8.0μm;多孔开管柱,多孔开管柱(PLOT)在管壁上涂一层多孔性吸附剂固体为微粒,不再涂固定液,为气固色谱开管柱。

### 3. 检测器

从色谱柱流出的各个组分,通过检测器把浓度信号转换成电信号,经放大后送到记录器得到色谱图,所以检测器是测定流动相中各组分的敏感器,是色谱仪的关键部件之一。色谱柱类型有:热导检测器(TCD)、氢火焰离子化检测器(FID)、火焰光度检测器(FPD)、氮磷检测器(NPD)、电子捕获检测器(ECD)。

根据不同的检测原理检测器可分为浓度型检测器和质量型检测器两种。浓度型检测器测定流出组分浓度的瞬间变化,即响应值和组分的浓度成正比。常用的有热导检测器和电子捕获检测器。质量型检测器测定的是组分的质量流速,即响应值和单位时间内进入检测器的该组分质量成正比。常用的为氢火焰离子化检测器和火焰光度检测器。

检测器线性范围是指检测器信号大小与被测组分的量成线性关系的范围,通常用线性范围内,最大和最小之比值来表示。线性范围越大,越有利于准确定量。

总之,一个理想的检测器应该是灵敏度高,检测限(最小检出量)小,响应速度快(一般要求响应时间小于 1s),线性范围宽和稳定性好。对通用型检测器,要求对各种组分均有响应。而对选择性检测器则要求仅对某类型化合物有响应。下边主要介绍热导检测器和氢火焰离子化检测器。

(1)热导检测器

热导检测器(thermal conductivity detector. TCD)是最早的检测器,结构简单,线性范围宽,对所有物质均有响应,灵敏度较低,测试样品浓度要求大于万分之一。非破坏性检测器,是气相色谱最重要的检测器之一。

TCD 的工作原理是基于不同的物质具有不同的热导系数,通过测量参比和测量池中发热体热量损失的比率,可用来量度气体的组成和质量。即气流中样品浓度发生变化,从热敏元件上带走的热量不同,热敏元件的电阻值改变。热敏元件是组成惠斯顿电桥的桥臂,桥路中任何一臂电阻发生变化,则整个线路就立即有信号输出。热导检测器由热导体和热敏元件组成,其基本结构和测量线路如图 15.2 所示。

不锈钢块制成热导体,在两个大小和形状完全一样的孔道中装上热敏元件。热敏元件为长度、直径及电阻值完全相同的两根金属丝(钨)。一根作为参比($R_1$),另一根作为测量($R_2$),它们和 $R_3$、$R_4$ 电阻构成惠斯顿电桥,用恒定电流加热。若热导池中只有载气通过,由于载气的热传导作用,会使热敏元件钨丝的温度下降,电阻减小。参比的热量与测量池中热量载气带走的相同,两根钨丝的温度变化也相同,$R_1$ 与 $R_2$ 电阻值变化相同,电桥处于平衡状态,故 $R_1R_4 = R_2R_3$。当载气携带样品组分流过测量池时,参比池中仍然为载气通过,被测组分与载气组成的混合气体的热导系数和载气的热导系数不同,两边带走的热量不相等,使两边钨丝的

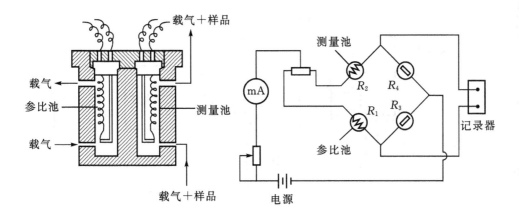

图 15.2　热导检测器基本结构和测量原理线路

温度和阻值变化产生了差异,电桥失去平衡,记录器上记录有相互对应的信号。由于各种物质的热导系数不同,用此差异可以测定各组分。通常情况下,随着分子量的增加,热导系数会降低。

（2）氢火焰离子化检测器

氢火焰离子化检测器(FID)简称氢火焰检测器,对含碳有机化合物有很高的灵敏度,一般比热导检测器的灵敏度高几个数量级,是一种质量型检测器。氢火焰离子化检测器原理:在氢氧焰的高温作用下,许多分子会分裂为碎片,有自由基和激发态分子产生,在氢火焰中形成由高能粒子组成的高能区,有机分子进入高能区会被电离,在外电路中输出离子电流信号。该检测器体积小、灵敏度高、死体积小、响应快、线性范围宽、稳定性好,对 $H_2$、$O_2$、$N_2$、CO、$CO_2$、NO、$NO_2$、$CS_2$、$H_2O$ 等物质无响应。属破坏性检测器,是比较理想的检测器,应用领域广泛。

FID 的主要部件是一个用不锈钢制成的离子室,由收集极、极化极、气体入口、火焰喷嘴和外罩组成,如图 15.3 所示。

在氢火焰离子室下部,载气携带组分流出色谱柱后,与氢气混合。通过喷嘴,再与空气混合点火燃烧,形成氢火焰。氢火焰附近设有由正极和负极形成的从 150V 到 300V 的直流电场。无样品时两极间离子很少。当有机物组分进入氢火焰时,发生离子化反应,电离成正、负离子。产生的离子在正极和负极的静电场作用下定向运动而形成电流,经放大、记录即得色谱峰。

火焰光度检测器(FPD)工作原理:燃烧的氢火焰样品进入时,氢火焰的谱线和发光强度发生变化,光电倍增管将光度变化转变为电信号。FPD 对磷、硫化合物有很高的选择性。

氮磷检测器(NPD)工作原理:在 FID 中加入一个用碱金属盐制成的玻璃珠,

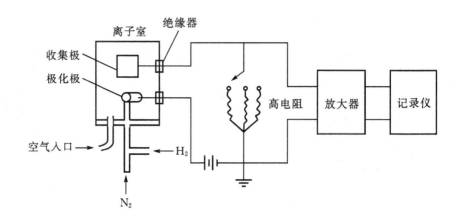

图 15.3　氢火焰离子化检测器的组成及测试原理

当样品分子含有在燃烧时能与碱(盐)发生反应的元素时,使碱(盐)挥发增大,这些碱盐蒸气在火焰中将被激发电离,产生新的离子流输出信号。这种检测器对含有增加碱(盐)挥发的化合物特别敏感。对含氮、磷有机物有很高的灵敏度,属破坏性检测器。

电子捕获检测器(ECD)工作原理:载气分子在 63Ni 辐射源中产生的 β 粒子作用下离子化,在电场下形成稳定的基流,当含电负性基团的组分通过时,俘获电子使基流减小而产生电信号。ECD 对电负性物质(卤化物、有机汞、有机氯及过氧化物、金属有机物、硝基、甾类化合物等)有很高的灵敏度,属非破坏性检测器。

# 15.2　气相色谱的分离过程和常用术语

色谱分析的关键是样品中各组分的分离。欲使两组分分离,它们的色谱峰之间需要有足够的距离,同时色谱峰必须很窄,才能达到完全分离的目的。前者是由各组分在两相之间的分配系数所决定,即与色谱过程的热力学因素有关,峰的宽度则由色谱柱的效能决定。即与色谱动力学过程有关。其分离原理依据塔板理论和速率理论(不作讨论),本节简要介绍有关分离过程和技术术语,以助于正确选择色谱条件,达到组分完全分离的目的。

**1. 气相色谱的分离过程**

我们知道,气相色谱的分离过程就是基于不同的组分由于物理性质的差别,在两相中具有不同的分配系数(或吸附系数)而使之得以分离。设 $K$ 为组分 $i$ 在两相中的分配系数,则

$$K = \frac{C_S}{C_G} \tag{15.1}$$

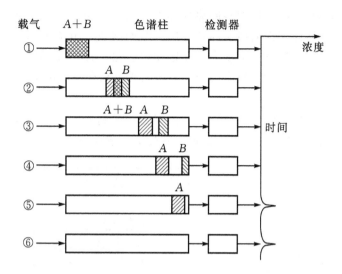

图 15.4　混合物在色谱柱中的分离示意图

式中,$C_S$ 和 $C_G$ 分别为组分 $i$ 在固定相和气相中的浓度。

当两相在色谱柱中作相对运动时,被测组分在两相中的分配反复进行多次,分配系数大的组分不容易被流动相带走,因而在固定相中停留的时间长。反之,分配系数小的组分在固定相中停留的时间短。这样,经过一段时间后,各组分在色谱柱中得以分离。

为了说明各组分在色谱柱中的分离过程,可将色谱柱分为如图 15.4 所示的 6 个阶段来看。设样品由 $A$、$B$ 两组分组成,$B$ 的分配系数小于 $A$ 的分配系数,未注射样品前,载气不断流过色谱柱,当注射一定量的样品后,载气便带着样品进入色谱柱,样品在色谱柱流动中进行分离,图中①,②,…,⑥分别代表分离过程中的 6 个阶段。①表示样品刚进入色谱柱两组分还未分离;②表示两组分正在或已部分分离;③、④表示两组分完全分离;⑤表示分离后的 $B$ 组分被载气带出色谱柱,通过检测器在记录纸上出现第一个峰,而 $A$ 仍停留在柱内,随后,$A$ 也随载气流出色谱柱而出现第二个峰。若试样中含有多个组分,按同样道理进行分离依次流出色谱柱。

**2. 气相色谱常用技术术语**

(1)色谱流出曲线

样品中的各组分经色谱柱分离后,随同载气逐步流出柱管。在色谱分析中组分的浓度变成电信号,用记录器将流出的各组分及其浓度的变化记录下来,即得到如图 15.5 所示的色谱图。图中纵坐标表示组分的浓度(电信号)变化,横坐标表示流出组分的时间(体积或面积),此曲线称为色谱流出曲线。由于电信号强度正比于组分的浓度,所以流出曲线实际是浓度与时间曲线。由图 15.5 可见,从试样开始随着时间的推移,组分的浓度在不断地发生变化,当组分的浓度达到极大时,则在曲线上形成一个色谱峰,每个组分在流出曲线上都有一个相应的色谱峰。

(2)基线

当色谱柱后没有组分通过检测器时,仪器记录到的信号称为基线。它反映了随时间变化的检测器系统噪声。稳定的基线是一条直线。

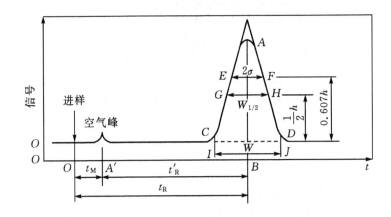

图 15.5　色谱流出曲线图

(3)峰高

色谱峰最高点与基线之间的距离称为色谱峰高,用 $h$ 表示。

(4)峰宽

色谱峰宽有三种表示方法:

①标准偏差 $\sigma = 0.607$,0.607 乘峰高处为色谱峰宽度的一半。

②半峰宽是峰高一半处的宽度,用 $W_{1/2}$ 表示。它与标准偏差的关系为

$$W_{1/2} = 2\sigma \sqrt{\ln 2} = 2.35\sigma \tag{15.2}$$

③峰底宽度是从峰两边拐点做切线,切线与基线交点间的距离,用 $W$ 表示。它与标准偏差的关系是

$$W = 4\sigma \tag{15.3}$$

(5)保留时间

从进样到组分出现最大浓度的时间叫该组分的保留时间,用 $t_R$ 表示。不被固定相吸附的组分(如空气、甲烷)的保留时间称为死时间,用 $t_M$ 表示。扣除死时间后的保留时间为调整保留时间,用 $t'_R$ 表示:

$$t'_R = t_R - t_M \tag{15.4}$$

当固定相选定后,在一定的操作条件下,被测组分各具有一定的保留时间,可作为鉴定分离物质的定性参数。

# 15.3 气相色谱分析技术

### 1. 气相色谱的应用

气相色谱分析是重要的仪器分析手段之一,它具有分离效能高、分析速度快、灵敏度高、对复杂的多组分混合物定性与定量分析结果准确,容易自动化、高选择性等特点;日益广泛地应用于石油、精细化工、医药、生化、电力、白酒、矿山、环境科学等各个领域,成为工农业生产、科研、教学等部门不可缺少的重要分离、分析工具。如:在石油化学工业中,采用气相色谱法来分析原料和产品,进行质量控制;在电力部门中,用来检查变压器等的潜伏性故障;在环境保护工作中,用来监测空气和水的质量;在农业上,用来监测农作物中残留的农药;在商业部门,检验及鉴定食品质量的好坏;在医学上可用来研究人体新陈代谢、生理机能,在临床上用于鉴别药物中毒或疾病类型;在宇宙舱中可用来自动监测飞船密封仓内的气体;在有机合成领域内的成份研究和生产控制;尖端科学上军事检测控制和研究等等。

### 2. 定性分析

气相色谱的定性分析就是确认经色谱柱分离后的各组分的色谱峰代表什么物质。一般来说,定性分析主要依据与纯物质的色谱峰相对照,但不同组分在同一固定相上流出色谱时间可能相同,所以确认各种组分是个复杂的问题。如果样品较复杂,就要和其他方法多学科分析法、其他仪器分析法配合进行定性分析。简单介绍定性分析法。

(1)绝对定性

当有纯物质时,只要在相同操作条件下,分别进样,测定已知物和未知物的保留时间值,如果保留时间相同,可认为是同一化合物,这种方法的可靠性取决于操作条件是否一致。

(2)相对定性

为了避免绝对法中操作参数的波动造成错误的定性结果,常常采用相对保留值作为定性指标。色谱柱温度及固定液影响保留时间,选用适当的标准物,某固定相和色谱柱温度下分别测定组分 $i$ 及标准物 $S$ 的校正保留值,再与混合物各色谱峰的保留时间进行比较。

### 3. 定量方法

定量方法较多,现在用得最多的是外标法。外标法是:用已知浓度的物质为标准样,在一定操作条件下定量进样,测量峰面积 $A_s$ 或峰高 $h_s$(仪器可以给出峰面积和峰高),以 $A_s$ 或 $h_s$ 对浓度作校正曲线。测定未知样品时,在相同条件下进样,从测出的 $A_s$ 或 $h_s$ 曲线上查出待测组分的浓度。

外标法操作简单,计算方便,不需要校正因子。缺点是操作条件的影响,经常要用标准样校正曲线。

# 15.4　变压器油的气相色谱分析

变压器油和固体绝缘材料在电或热的作用下分解产生的各种气体中,对判断故障有价值的气体有甲烷、乙烷、乙烯、乙炔、氢气、一氧化碳、二氧化碳。正常运行的老化过程产生的气体主要是一氧化碳和二氧化碳。在油纸绝缘中存在局部放电时,油裂解产生的气体主要是氢气和甲烷。在故障温度比正常运行温度高出不多时,产生的气体主要是甲烷。随着故障温度的升高,乙烯和乙烷逐渐成为主要特征。在温度高于 1000℃ 时,例如在电弧道温度(3000℃ 以上)的作用下,油裂解产生的气体中含有较多的乙炔。如果故障涉及到固体绝缘材料时,会产生较多的一氧化碳和二氧化碳。因此,对于运行的变压器经常需要测量油中的气体含量。

**1. 仪器的标定**

用 1ml 玻璃注射器 $A$ 准确抽取已知各组分浓度 $C_{is}$ 的标准混合气 1ml,注入到气相色谱仪中,对仪器进行标定,在色谱图上得到各组分的峰面积 $A_{is}$(或峰高 $h_{is}$)和时间,通过峰面积和时间确定各组分的气体含量。重复操作两次,取其平均值 $\overline{A_{is}}$(或 $\overline{h_{is}}$)。

**2. 变压器试样油中加平衡载气**

将 100ml 玻璃注射器 $B$ 中油样准确调节至 40.0ml 刻度,立即用橡胶将注射器 $B$ 出口密封。如试样内仍有气泡,可插入双向针头并将针头向上,推动活塞将气泡排出,拔出针头用密封脂密封针孔。

加入平衡载气(见图 15.6),取 5ml 玻璃注射器 $C$,用氮气清洗两遍以上。抽取 5.0ml 氮气,注入有试样油的玻璃注射器 $B$ 内。注入时将玻璃注射器 $B$ 向上倾斜 30~50°,将抽取的氮气压入到试样油中,用密封脂密封针孔。

**3. 转移平衡气**

将注射器 $B$ 放入恒温定时振动器内的振荡盘上,注射器 $B$ 的头部要高于其尾部约 5°。启动振动器振荡,在 50℃ 下连续振荡 20min,然后静置 10min。如果室内温度在 10℃ 以下,振荡前注射器 $B$ 应先预热,再进行振荡。

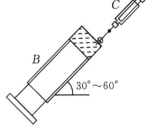

图 15.6　加平衡载气

将注射器 $B$ 从振荡盘中取出,并立即用装有双向针头注射器 $C$ 插入到 $B$ 中(见图 15.7)。轻压注射器 $B$,将一部分气体压入注射器 $C$ 内,拔出注射器 $C$,用抽取的气体对 $C$ 进行冲洗。重复上述操作,对注射器 $C$ 冲洗 2 到 3次。把 $B$ 内剩下的气体全部转移到注射器 $C$ 内,注射器 $C$ 中的气体体积应为 1ml。

将注射器 $C$ 的气体注入到气相色谱仪中,得到标准样品与变压器油试样的气相色谱图。特别注意的是样品分析与仪器标定均使用同一支注射器 $C$,取相同进样体积。

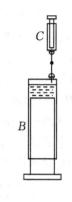

图 15.7 转移平衡气

**4. 油中各种气体含量的确定**

从所得色谱图上量取各组分的峰面积 $A_i$(或 $h_i$)和时间。重复两次测量,取其平均值。气相色谱仪根据标准气体各组分峰面积和时间以及油中气体的各组分峰面积和时间,通过计算机程序可以直接算出油中溶解的各种气体含量,并将各种气体含量的计算结果进行存盘和打印。

**5. 采用机械振荡法的各种气体含量计算**

(1)样品气和油样体积的校正

按式 15.5 和 15.6 将在室温、实验压力下平衡的气体体积 $V_g$ 和试油体积 $V_1$ 分别校正为 50℃压力下的体积;

$$V'_g = V_g \times \frac{323}{273 + t} \tag{15.5}$$

$$V'_1 = V_1[1 + 0.0008 \times (50 - t)] \tag{15.6}$$

式中:$V'_g$——50℃试验压力下平衡气体体积,ml;

$V_g$——室温 $t$、试验压力下平衡气体体积,ml;

$V'_1$——50℃时油样体积,ml;

$V_1$——室温 $t$ 时所取油样体积,ml;

$t$——试验时的室温,℃;

0.0008——油的热膨胀系数,1/℃。

(2)油中溶解气体各组分浓度的计算

按 15.7 式计算油中溶解气体各组分的浓度:

$$X_i - 0.929 \times \frac{P}{101.3} \times C_{is} \times \frac{\overline{A_i}}{A_{is}}(K_l + \frac{V'_g}{V'_1}) \tag{15.7}$$

式中:$X_i$——油中溶解气体 $i$ 组分浓度,$\mu l/L$;

$C_{is}$——标准气中 $i$ 组分浓度,$\mu l/L$;

$\overline{A_i}$——样品气中 $i$ 组分的平均峰面积，$mm^2$；

$\overline{A_{is}}$——标准气中 $i$ 组分的平均峰面积，$mm^2$；

$V_g'$——50℃、试验压力下平衡气体体积，ml；

$V_1'$——50℃时的油样体积，ml；

$P$——试验时的大气压力，kPa；

0.929——油样中溶解气体浓度从50℃校正到20℃时的温度校正系数。

式中的 $\overline{A_i}$、$\overline{A_{is}}$ 也可用平均峰高 $\overline{h_i}$、$\overline{h_{is}}$ 代替。

50℃时国产矿物绝缘油中溶解气体各组分分配系数（$K_i$）见表15.2。

表 15.2  50℃时国产矿物绝缘油中溶解气体各组分分配系数（$K_i$）

| 气体 | $K_i$ | 气体 | $K_i$ | 气体 | $K_i$ |
|---|---|---|---|---|---|
| 氢（$H_2$） | 0.06 | 一氧化碳（CO） | 0.12 | 乙炔（$C_2H_2$） | 1.02 |
| 氧（$O_2$） | 0.17 | 二氧化碳（$CO_2$） | 0.92 | 乙烯（$C_2H_4$） | 1.46 |
| 氮（$N_2$） | 0.09 | 甲烷（$CH_4$） | 0.39 | 乙烷（$C_2H_6$） | 2.30 |

老化变压器油的气相分析如图15.8所示。

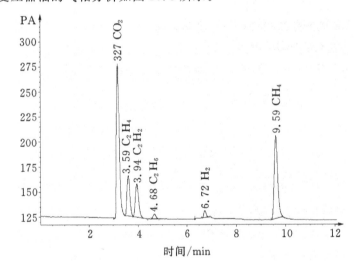

图 15.8  变压器油的多种气体分析图

# 15.5  6890N 型气相色谱仪

（1）仪器性能指标

进样口：PPIP；检测器：FID、TCD；进样体积 $1.0\mu l$。

色谱柱:P/N 19091J-433;HP-5 毛细柱;30m,320$\mu$m×0.25$\mu$m。

(2)操作规程

①气体准备:FID、NPD 和 FPD 选用:高纯 $H_2$(99.999%),干燥空气;ECD 和 MECD 选用:高纯 $N_2$(99.999%),高纯 He(99.999%)。

②打开气源。

③打开 6890NGC 电源开关。

④打开计算机,进入 Windows NT 画面。

⑤启动试验程序,待仪器自检完毕,进入工作界面,从菜单中选择调用所需的界面。

⑥调用 Test 程序后,等待 Ready 出现。

⑦用注射器注入被测试样气体。

⑧按 Start。

⑨数据处理与编辑。

⑩进行谱图优化。

⑪积分。

⑫打印数据报告。

⑬全部做完后可调用 Turn/off 关机。

⑭关闭试验程序。

⑮关闭计算机,关闭打印机电源。

⑯等待 20 分钟之后,(温度低于 100℃ 之后)关闭主机。

⑰先放掉气源气柱中的气体,再关闭气源。

⑱登记实验记录,清洁工作台面,盖好盖布,关灯锁好门窗。

**思考题**

①气相色谱的工作原理和特点?

②气相色谱的分析流程?

③定性与定量分析有哪些方法? 各种方法的优缺点?

④需要选择和注意的因素有哪些?

⑤变压器油老化后会产生哪几种气体?

# 第16章　材料显微结构分析技术

## 16.1　概　述

众所周知,我们的眼睛看到了一个物体,是看到它发出的光或者反射的光,并把光转变成所需要的信号,再由大脑把信号理解成为相应的图像。然而,即使最好的眼睛,也无法辨别比视网膜上感光细胞的间距还要小的物体。要想看到这么小的物体,就要靠显微技术,也就是要靠显微镜。

显微分析技术成为研究物质的微观组织、晶体结构和测定固态试样微区化学成分的重要手段。显微分析方法是借助于显微镜把人眼看不清楚的微观结构高倍放大,以便观察的仪器或设备,是一种微观形态结构的视力分析工具,能够观测和分析研究材料的微观组织结构、形态、大小以及分布,从而进一步研究材料的各种性能以及性能与结构的关系,判断和检验材料的性能和质量,它广泛应用于生物、工农业生产及科学。

显微分析的方法和设备有许多种,根据不同的需要可以选用,如扫描电子显微镜是研究固体试样表面形貌的有力工具,而电子探针 X 射线是分析试样化学成分的仪器,即可作定性分析,也可以作定量分析,以及薄膜透射电子显微镜适用于薄膜试样等。

### 1. 观察方法

(1)明视野法

观察试样直接反射光的方法。照明灯的光通过物镜垂直导向而入射于试样,来自试样的直接反射光通过物镜即被观察到。

(2)暗视野法

观察试样干涉及衍射光的方法。照明光线通过物镜外围斜射于试样,来自试样的干涉及衍射光即被观察到。适用检测试样上微细的擦痕或裂痕,检测晶片等试样镜状表面。

(3)微分干涉对比法

这是将用明视野法可能观察不到的试样高度微小差异通过改善对比法变为立体或三维图像的显微观察技术。照明光由微分干涉对比棱镜变为两束衍射光,这两束衍射光使试样高度差异,造成在光路上的微小差异,而光路差异变为利用微分干涉对比棱镜和检偏振器的明暗对比。再利用敏感色板,加强了高度差异的颜色变化。适合检测包括金相结构、矿物、磁头、硬磁盘表面和晶片精制表面等有极其微细高度差异的试样。

(4)偏振光法

这是使用由两个一组的滤色镜(检偏振器和起偏振器)形成偏光的显微观察技术。这些偏光轴始终保持相互垂直。一些试样在两个滤色镜之间呈鲜明的对比，或根据双折射性能和定向(即锌结构的抛光试样)呈现颜色。在检偏振器插在目镜前观察光路时，起偏振器位于垂直照明前面的光路。适合观察金相结构(即球墨铸铁的石墨增长形态)、矿物和液晶(LCD)以及半导体材料。

(5)萤光法

该技术用于发出萤光的试样。适合利用萤光法检测晶片的污染、感光性树脂的残留物，以及检测裂缝。

**2. 显微镜的分类和用途**

(1)光学显微镜

光学显微镜是以可见光为光源的显微镜。它的成像原理是以光为介质，利用可见光照射到物体的表面，造成了散射或反射来形成不同的对比光，便可得物体的空间信息。普通的光学显微镜在结构上可分为光学系统和机械装置系统两部分。光学系统主要包括目镜、物镜、聚光器、光阑及光源等部分，机械装置部分主要包括镜筒、镜柱、载物台、镜座、粗细调节螺旋等部分。

光学显微镜是一种非常精密的光学仪器。显微镜的主要指标是分辨力，是指区分两个物点之间的最小距离的能力，能把两点分辨开的最小距离叫分辨距离，分辨距离越小，则分辨力越高；相反则低，所以，分辨力以分辨距离来表示。也可以用放大倍数表示分辨能力，显微镜的放大倍数越大，则分辨率越高。

光学显微镜使用的是可见光，波长介于 $400\sim700nm$ 之间，光学显微镜的最高分辨约为 $0.2\mu m$，这是一般光学显微镜分辨力极限。光学显微镜的有效放大倍数约为 $1500\sim2000$ 倍。

普通光学显微镜的基本成像原理:光线→(反光镜)→遮光器→通光孔→镜检样品(透明)→物镜的透镜(第一次放大成倒立实像)→镜筒→目镜(再次放大成虚像)→眼。

光学显微镜包括:明视野显微镜、暗视野显微镜、体视显微镜、荧光显微镜、相差显微镜、倒置显微镜、偏光显微镜等。

(2)透射式电子显微镜(transmission electron microscope,TEM)

以电子波(波长最短可达到 $0.005\,nm$)代替光源，由于波长的极大缩短而大大提高了分辨率。电镜实际的分辨率比光镜提高约 $1000$ 倍。

透射式电子显微镜(TEM)由电子枪、荧光屏(或照相机)、电磁透镜系统、镜座、镜筒、变压器、稳压装置、高压系统、真空系统、操纵台等部分组成，电子枪供应和加速从阴极热钨丝发射出来的电子束，电镜所用的电压一般在 $200\sim300kV$，才足以使电子枪里的电子以高速飞出。电子通过聚光透镜,到达试样上,因为试样很薄,高速电子可以透过。

TEM 的成像原理:电子束透过样品后经过电磁透镜的聚焦与放大后所产生的物像,投射到荧光屏上或照相底片上进行观察,从而得到高倍率的放大用像。它的电子枪在镜筒的顶部,电子由钨丝热阴极发射出,通过第一、第二两个聚光镜使电子束聚焦。电子束通过样品后由物镜成像于成像镜上,再通过成像镜和投影镜逐级放大,成像于荧光屏或照相干版上。成像镜主要通过对砺磁电流的调节,放大倍数可从几十倍连续地变化到几十万倍;改变成像镜的焦距,即可在同一样品的微小部位上得到电子显微镜像和电子衍射图像。

透射式电子显微镜主要用于微结构分析、晶粒形貌、晶体缺陷、纳米颗粒大小、界面结构、高分辨晶格像、微区成分分析等。透射式电子显微镜常用于观察那些用普通显微镜所不能分辨的细微物质结构。

(3)扫描隧道显微镜(scanning tunneling microscope;STM)

扫描隧道显微镜是 80 年代初发展起来,它的横向分辨本领高达 0.1~0.2nm,而深度分辨本领为 0.01nm ,放大倍数可达数千万倍,比一般电子显微镜还高数百倍,是各类显微镜中最高的。它还克服了电子显微镜中高能电子束对试样的损伤、深度分辨本领低以及试样必须处于真空中的限制,既可以在超高真空、真空,也可以在大气下甚至液体中无损伤地直接观察物质表面结构。

扫描隧道显微镜利用的原理是量子世界的隧道效应。由于隧道效应,在两块金属片之间形成隧道电流,而且这个电流有个奇特的性质,在一定的电压下,隧道电流随间距的增加而急剧地减小。当间距改变到一个原子的尺度时,电流就改变数十或数百倍。利用这种关系,制造出新型的扫描隧道显微镜。

扫描隧道显微镜和原子力显微镜虽然具有原子级分辨率,但是这种技术不能对界面进行直接探测,只能用于观察界面的剖面。20 世纪 80 年代末发展起来的弹道电子发射显微镜是一种界面探测新技术,它能够对界面系统进行直接、实时及无损的探测,并具有纳米级的空间分辨率。目前这种技术已用于金属、半导体界面的研究。

# 16.2  BX51－P 偏光显微镜

## 1. BX51－P 偏光显微镜的用途和技术参数

BX51－P 偏光显微镜是利用偏光识别样品的不同特性的高级偏光系统显微镜。适用于各向同性、各向异性材料的鉴别、材料表面的微观结构、形态观测以及透明岩石的光学性质。

技术参数:

观察方式:透光式和反射式。

放大倍数:20～2000。

温度范围:－180～600℃（使用热台）。

额定电压:220～240V。

频率:50Hz。

**2. BX51－P 偏光显微镜的基本原理**

偏光显微镜主要有两个偏光镜,其中,一个安装在载物台之下,称下偏光镜,另一个安装在载物台之上的镜筒中,称上偏光镜。在偏光显微镜中,上偏光的振动方向是固定的,而下偏光的振动方向是可以调节,一般来说,两个偏光的振动方向是相互垂直的。

（1）自然光和偏振光

光波可分为自然光与偏振光。自然光的振动特点是在垂直光波传导轴上具有许多振动面,各平面上振动的振幅相同,其频率也相同;自然光经过反射、折射及吸收等作用,可以变成为只在某一个方向上振动的光波,这种光波则称为"偏光"或"偏振光"。

（2）起偏器和检偏器的功能作用

偏光显微镜最重要的部件是起偏器和检偏器。当普通光通过起偏器后,就能获得只在一直线上振动的直线偏振光。偏光显微镜有两个偏振镜,一个装置在光源与被检物体之间的叫"起偏镜";另一个装置在物镜与目镜之间的叫"检偏镜",有手柄伸手镜筒或中间附件外以方便操作,其上有旋转角的刻度。从光源射出的光线通过两个偏振镜时,如果起偏镜与检偏镜的振动方向互相平行,即处于"平行检偏位",则视场最为明亮。反之,若两者互相垂直,即处于"正交校偏位",则视场完全黑暗,如果处于两者之间,则视场出现中等程度的亮度。由此可见,起偏镜所形成的直线偏振光,如果振动方向与检偏镜的振动方向平行,则能完全通过;如果垂直,则完全不能通过;如果处于平行与垂直之间,只能通过一部分。因此,在采用偏光显微镜检测时,原则上要使起偏镜与检偏镜处于正交检偏位的状态下进行。

（3）正交检偏位下的双折射体

在正交的情况下,视场是黑暗的,如果被检物体各向同性（单折射体）,无论怎样旋转载物台,视场仍然为黑暗,这是因为起偏镜所形成的直线偏振光经过各向同性物体时振动方向不变化,仍然与检偏镜的振动方向互相垂直。若被检物体中含有双折射性物质,则这部分就会发光,这是因为从起偏镜射出的直线偏振光进入双折射体后,产生振动方向互相垂直的两种直线偏振光,当这两种光通过检偏镜时,出于既有平行又有垂直光,部分光可透过检偏镜,就能看到明亮的像。光线通过双折射体时,所形成两种偏振光的振动方向,依物体的种类而有不同。

（4）干涉色

在正交检偏位情况下,用各种不同波长的混合光线为光源观察双折射体,在旋转载物台时,视场中不仅出现最亮的对角位置,而且还会看到颜色。出现颜色的原因,主要是由干涉色而造成(当然也能被检物体本身并非无色透明)。干涉色的分布特点决定于双折射体的种类和它的厚度,是由于相应推迟对不同颜色光的波长的依赖关系,如果被检物体的某个区域的推迟和另一区域的推迟不同,则透过检偏镜光的颜色也就不同。

### 3. BX51 - P 偏光显微镜的构造

BX51 - P 偏光显微镜的构成及各部分名称如图 16.1 所示。

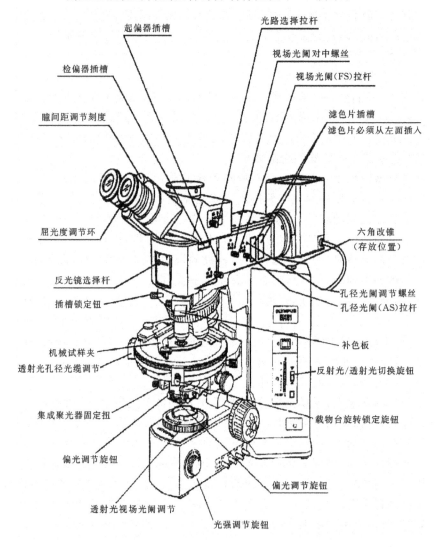

图 16.1　BX51 - P 偏光显微镜的结构与各部分名称

## 4. BX51-P 偏光显微镜的操作步骤

照明灯的光通过物镜垂直入射或透射到试样上,来自于试样的反射光或透射光通过物镜可以被观察到,其具体操作步骤如图 16.2 所示。

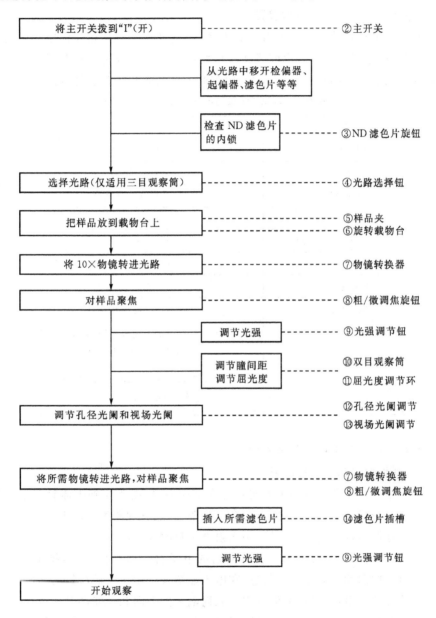

图 16.2　偏光显微镜操作步骤

# 16.3 扫描电子显微镜 VE9800

**1. VE9800 的用途和技术参数**

它是用细聚焦的电子束轰击样品表面,通过电子与样品相互作用产生的二次电子、背散射电子等对样品表面或断口形貌进行观察和分析。主要用于材料表面的微观结构和形态的观测。VE9800 扫描电子显微镜的技术参数如表 16.1 所示。

表 16.1 VE9800 扫描电子显微镜的技术参数

| | | |
|---|---|---|
| 试样最大尺寸 | | Ø64mm |
| 放大倍数 | | 15～100000 倍 |
| 分辨率 | | 8nm |
| 观察图像 | | 两次电子图像 |
| 观察模式 | | 高真空 |
| 显示分辨率 | 观察时 | 640(H)×480(V) |
| | 摄影时 | 1280(H)×960(V) |
| 加速电压 | | 0.5～20kV |
| 电子束 | | 电子束 |
| 试样载物台 | | 5 轴(X·Y·Z·旋转·倾斜)优先选择式(X·Y·电动倾斜轴) X:32mm · Y:32mm · Z:8～30mm 旋转:360°·倾斜:—10～+90° |

**2. 扫描电子显微镜的基本原理**

(1)弹性散射和非弹性散射

当一束聚焦电子束沿一定方向入射到试样内时,由于受到固体物质中晶格位场和原子库仑场的作用,其入射方向会发生改变,这种现象称为散射。

①弹性散射:如果在散射过程中入射电子只改变方向,但其总动能基本上无变化,则这种散射称为弹性散射。弹性散射的电子符合布拉格定律,携带有晶体结构、对称性、取向和样品厚度等信息,在电子显微镜中用于分析材料的结构。

②非弹性散射:如果在散射过程中入射电子的方向和动能都发生改变,则这种散射称为非弹性散射。在非弹性散射情况下,入射电子会损失一部分能量,并伴有各种信息的产生。非弹性散射电子:损失了部分能量,方向也有微小变化。用于电

子能量损失谱,提供成分和化学信息,也能用于特殊成像或衍射模式。

(2)SEM 中的三种主要信号

①背散射电子:入射电子在样品中经散射后再从上表面射出来的电子。反映样品表面不同取向、不同平均原子量的区域差别。

②二次电子:由样品中原子外壳层释放出来,在扫描电子显微术中反映样品上表面的形貌特征。

③X 射线:入射电子在样品原子激发内层电子后外层电子跃迁至内层时发出的光子。

(3)成像原理

扫描电镜的成像原理和透射电镜大不相同,它不用透镜进行放大成像,而是像闭路电视系统那样,用电子束在样品表面逐点逐行扫描成像。

扫描电镜的原理如图 16.3 所示。在扫描电镜中,由电子枪发射出来的电子束,在 2~30kV 加速电压的作用下,经过三个电磁透镜聚焦后(如图 16.3 中的电磁透镜 1,2,3),汇聚成一个细小到 5nm 的电子探针,在末级透镜上部扫描线圈的作用下,使电子探针在试样表面做光栅状扫描(光栅线条数目取决于行扫描和帧扫

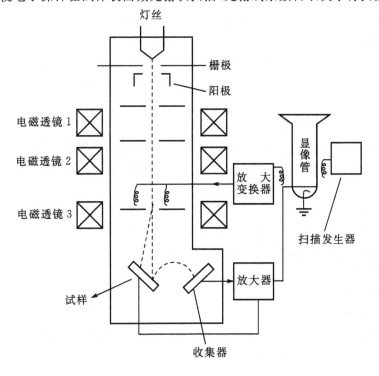

图 16.3　扫描电镜的结构框图

描速度)。由于高能电子与物质的相互作用,结果在试样上产生各种信息如二次电子、背反射电子、俄歇电子、X射线、阴极发光、吸收电子和透射电子等。因为从试样中所得到各种信息的强度和分布与试样的表面形貌、成分、晶体取向、以及表面状态的一些物理性质(如电性质、磁性质等)等因素有关,因此,通过接收器接收这些信息,然后放大、处理、显示这些信息,就可以获得表征试样形貌的扫描电子像,或进行晶体学分析或成分分析。为了获得扫描电子像,通常是用探测器把来自试样表面的信息接收,再经过信号处理系统和放大系统变成信号电压,最后输送到显像管的栅极,用来调制显像管的亮度。

试样在电子束作用下,激发出各种信号,信号的强度取决于试样表面的形貌、受激区域的成份和晶体取向,置于试样附近的探测器和试样接地之间的高灵敏毫微安表把激发出来的电子信号接收下来,经信号处理放大系统后,输送到显像管栅极以调制显像管的亮度,即显示出试样表面的形貌结构。

**3. 电镜样品的处理和制备**

样品要干燥、洁净,没有挥发性和腐蚀性物质;不要用手直接去接触样品和样品台,含有溶剂的样品要充分去除溶剂;样品导电性良好;不导电的样品都要镀金;样品在电子束照射下稳定。样品要牢固地固定在样品台上。

(1)无机粉末试样

用溶剂或水将粉末超声分散后滴在盖玻片上,然后将盖玻片固定在样品台上;也可用碳导电胶带固定粉末;样品粘好后,用吸附球用力将未固定牢固的粉末吹走,以免污染电镜。

(2)聚合物、生物试样

所有样品必须充分干燥,不能含有溶剂、水分和油;乳液样品用超声分散后滴在盖玻片上,然后将盖玻片固定在样品台上;块状样品应使观察面向上,注意表面不能有污染,用导电胶在样品台上粘牢。

(3)金属试样

样品不能带有磁性;磁性粉末样品不允许进入样品室;如果是铁磁性块状样品,必须尽可能减小样品尺寸(直径不大于64mm),表面不能有污染,用导电胶牢固地固定在样品台上。

**4. 操作规程**

(1)样品制备

按要求对试样进行处理,使用高真空离子溅射仪对试样进行喷金处理,且使用导电胶带将试样粘在载物台上。

(2)观察

①打开仪器电源,按下VACUUM ON/OFF按钮两秒,使真空泵停止工作。

②等试样腔室进入大气状态后，抽出载物台，装好试样，将载物台推回原位。

③按下 VACUUM ON/OFF 按钮两秒钟，启动真空泵。

④打开观察软件 Observation Software for VE Series，等待软件提示真空准备好之后，打开电子枪按钮，开始观察。

⑤观察结束后，按顺序关闭电子枪—观察软件—主机电源—电脑，保持试样腔在真空状态下。

⑥盖好仪器盖布，关闭房间电源，登记实验记录，锁好门窗。

**思考题**

① 显微分析的目的意义是什么？

② 偏光显微镜与电子扫描显微镜的工作原理有何不同？

③ 偏光显微镜与电子扫描显微镜的应用场合有何不同？

# 参 考 文 献

[1] 邱昌容,曹晓珑.电气绝缘测试技术[M].北京:机械工业出版社,2002.

[2] 金维芳.电介质物理学[M].北京:机械工业出版社,1997.

[3] 巫松桢,谢大荣,陈寿田,俞秉莉.电气绝缘材料科学与工程[M].西安:西安交通大学出版社,1996.

[4] 钟力生,李盛涛,徐传骧,刘辅宜.工程电介质物理与介电现象[M].西安:西安交通大学出版社,2013.

[5] 王力衡.介质的热刺激理论及其应用[M].北京:科学出版社,1988.

[6] 曹万强.热刺激电流谱仪的研制[J].湖北大学学报,1996,18(4):359-361.

[7] Matthias Wagner.热分析应用基础[M].陆立明,译.上海:东华大学出版社,2011.

[8] 刘振海,徐国华,张洪林.热分析仪器[M].北京:化学工业出版社,2006.

[9] 翁秀兰.热分析技术及其在高分子材料研究中的应用广[J].广州化学,2008,33(3):72-76.

[10] 杨世铭.传热学基础[M].北京:高等教育出版社,2003.

[11] 朱华.热学基础[M].杭州:浙江大学出版社,2009.

[12] 周文英,齐暑华,涂春潮,邱华,等.绝缘导热高分子复合材料研究[J].塑料工业,2005,5:99-205.

[13] 孟勇.影响材料热膨胀系数的主要因素[J].计量测试与检定,2005,15(3):6-9.

[14] 胡红光.电力设备红外诊断技术与应用[M].北京:中国电力出版社,2012.

[15] 皱建奇,崔亚平.材料力学[M].北京:清华大学出版社,2007.

[16] 金日光,马秀清.高聚物流变学[M].上海:华东理工大学出版社,2012.

[17] 吴英桦.粘性流体混合及设备[M].北京:中国轻工业出版社,1993.

[18] A.Safran.表面、界面和膜的统计热力学[M].张海燕,译.北京:高等教育出版社,2012.

[19] 李海东,韩向艳,程风梅.共混聚合物界面张力的测定方法[J].高分子材料科学与工程,2006,22(5):197-200.

[20] 蔡小舒,苏明旭,沈建琪,等.颗粒粒度测量技术及应用[M].北京:化学工业出版社,2010.

[21]  韩立发,刘亚云.试论沉降法测定颗粒粒度及其分布[J].水泥工程,2004年,6:19-21.

[22]  陈玉英.离心沉降式粒度分布分析仪的应用[J].分析与测试技术,1997,6:36-39.

[23]  王玉泰,于元勋.激光测粒仪的散射理论研究[J].山东教育学院学报,1999,5:85-88.

[24]  王勇,胡晓静,胡永琪.激光粒度仪在测定纳米碳酸钙粒径中的应用研究[J].涂料工业,2007,37(2):61-63.

[25]  钱艺华,于钦学,任双赞,等.电力设备用矿物绝缘油中腐蚀硫性硫防护技术[M].北京:中国电力出版社,2013.

[26]  张和康.绝缘材料的结构分析[M].北京:机械工业出版社,1992.

[27]  刘密斯.仪器分析[M].北京:清华大学出版社,2002.

[28]  李润卿.有机结构波谱分析[M].天津:天津大学出版社,2002.

[29]  张琳,邵晟宇,杨柳,等.红外光谱法气体定量分析研究进展分析仪器[J].2009,2:6-9.

[30]  裘兰兰,李明梅,周海逢,戎志远.红外光谱法在定量分析中的应用[J].福建分析测试,2011,20(6):24-26.

[31]  张翠,柴欣生,罗小林,等.紫外光谱法快速测定生物质提取液中的糠醛和羟甲基糠醛、光谱学与光潜分析[J].2010,30(1),247-250.

[32]  谢爱娟,罗土平,郭登峰.不同溶剂中苯酚的紫外光谱[J].光谱实验室,2012,29(1):159-162.

[33]  郭素枝.电子显微镜技术与应用[M].厦门:厦门大学出版社,2008.

[34]  科尔斯滕·罗杰.探索·显微镜下的世界[M].郭兴林,徐坚,译.北京:光明日报出版社,2005.

[35]  郭宝罗,李志中,成勇,等.用偏光显微镜进行显微构造分析的一种方法[J].地球科学(中国地质大学学报),1989,14(增):80-84.

[36]  王醒东,林中山,张立永,等.扫描电子显微镜的结构及对样品的制备[J].广州化工,2012,40(19):28-30.